U0302070

国家质检公益行业科研专项项目（201510067-03）资助

有机热载体运动粘度
检测装置及其检测方法研究

彭小兰　著

殷先华　宋　韬　吴丹红　主审

机械工业出版社

本书为著者针对目前国内重油检测自动化仪器的空白，总结了折管式快速运动粘度仪测量方法的研究成果，从而彻底解决了重油（特别是大粘度重油渣油）运动粘度的测量难题。

本书共分为6章，主要介绍有机热载体介质及其运动粘度、有机热载体运动粘度检测方法、有机热载体运动粘度检测装置、有机热载体运动粘度快速测定法（折管法）、运动粘度测试报告及著者近年有机热载体炉相关的学术论文汇编。

本书可供电厂、钢厂及润滑油的生产、测控的检测人员和安全管理人员参考，也可供高校研究有机化学的在校学生及实验管理人员参考。

图书在版编目（CIP）数据

有机热载体运动粘度检测装置及其检测方法研究/彭小兰著. —北京：机械工业出版社，2016. 12
ISBN 978-7-111-54617-7

Ⅰ. ①有…　Ⅱ. ①彭…　Ⅲ. ①有机热载体炉 – 运动粘性 – 检测
Ⅳ. ①TK175

中国版本图书馆 CIP 数据核字（2016）第 198089 号

机械工业出版社（北京市百万庄大街 22 号　邮政编码 100037）
策划编辑：沈　红　责任编辑：沈　红
责任校对：肖　琳　封面设计：陈　沛
责任印制：李　洋
北京新华印刷有限公司印刷
2016 年 9 月第 1 版第 1 次印刷
169mm×239mm · 9.5 印张 · 175 千字
标准书号：ISBN 978-7-111-54617-7
定价：59.00 元

凡购本书，如有缺页、倒页、脱页，由本社发行部调换
电话服务　　　　　　　　　　　网络服务
服务咨询热线：010-88361066　　机工官网：www. cmpbook. com
读者购书热线：010-68326294　　机工官博：weibo. com/cmp1952
　　　　　　　010-88379203　　金书网：www. golden-book. com
封面无防伪标均为盗版　　　　教育服务网：www. cmpedu. com

目前，有机热载体运动粘度检测已经有两个很成熟的方法，但是这两种方法均有一定的局限性。随着科技的进步，已经有越来越自动的、方便的、快捷的仪器设备能够更好地进行运动粘度的检测。折管检测方法在国内尚未有统一的检测规范；在国外，美国标准化委员会颁布了一种运动粘度测量的新方法（ASTM D7279《自动折管式粘度仪测量透明和不透明液体运动粘度的标准测试方法》），依据这种测试方法能快速自动测量运动粘度，而此种检测方法在国内尚是一个空白。

随着经济的发展，国家对环保节能尤为重视。检测方法的自动化程度越高，检测速度越快，越能大大地节约时间、减少劳动力，减少检测有机废液的排放。基于标准和检测技术之间存在的滞后性，我们推出了一种全新的检测方法。

书中研究内容为国家级项目——国家质检公益性行业科研专项项目（201510067-03）"便携式炉管泄漏检测技术和方法的开发应用"的主要内容，主要基于湖南省数台有机热载体炉事故。

折管式快速运动粘度仪测量准确度高，测量重复性好，测量时间短、使用方便，容易清洗，完全满足 GB/T 265—1988 和 GB/T 11137—1989 对样品测量重复性的要求，具有很广阔的市场前景，特别适合于电厂、钢厂及润滑油生产企业等小粘度油品的生产、测控使用。

该方法的研究填补了国内重油检测自动化仪器的空白，彻底解决了重油（特别是大粘度重油渣油）运动粘度的测量难题。

著　者

2016.8

○　本书由于行业使用的延续性和约定俗成，以及前期已发表论文等文献均用"粘度"，所以本书为避免使用混乱和不一致，仍统一使用"粘度"。

目　录

第1章
有机热载体介质及其运动粘度

1.1　研究背景

　　有机热载体炉的介质运动粘度检测是影响有机热载体炉安全的关键技术之一；是《国家中长期科学和技术发展规划纲要（2006-2020 年）》（简称《规划纲要》）重点领域公共安全及其优先主题重大生产事故预警与救援提高早期发现与防范能力中的重点内容；同时也是《规划纲要》中开展适应特种设备安全检测监测需要的现代检测监测技术研究的重点内容。

　　本书研究项目依托于国家质检公益项目（201510067-03）"便携式炉管泄漏检测技术和方法的开发应用"和质检总局科技计划类项目（2015QK145）"有机热载体运动粘度检测装置及其检测方法研究"。其背景来源于湖南省两台有机热载体炉事故。事故 1：2009 年 6 月 10 日长沙望城菱格木业有机热载体炉管子积炭泄漏事故，其泄漏盘管如图 1-1 所示（见湘特鉴 ［2009］ 第 5 号事故鉴定报告[1]）；事故 2：郴州有机热载体炉事故，其事故积炭管如图1-2 所示。

图 1-1　望城菱格木业有机热载体　　　　　图 1-2　郴州有机热载体炉事
炉泄漏盘管　　　　　　　　　　　　故积炭管

近几年来，随着我国经济的发展，有机热载体炉的使用越来越广泛，数量也越来越多。据调查[2]，全国生产有机热载体（锅）炉的制造厂近百家，其中3/4以上均为液相炉，而液相炉事故较多，因此我们重点分析它。有机热载体炉的主要危险是火灾，若有机热载体一旦从有机热载体炉供热系统中泄漏，由于其温度很高，又接触火焰或接近火焰，就会被点燃或自燃，造成火灾。另外，有机热载体炉也会因有机热载体带水等原因而发生喷油事故。

根据《质检总局关于2012年全国特种设备安全状况的情况通报》[3]可知，2012年全国特种设备安全状况如下：截至2012年底，特种设备总台数达821.67万台，比2011年[4]上升12.7%；其中：锅炉63.53万台，压力容器271.82万台，气瓶13880.84万只，压力管道85.13万km，起重机械190.94万台，电梯245.33万台，场（厂）内专用机动车辆48.29万辆，大型游乐设施1.67万台（套），客运索道845条。各种特种设备数量分类比例如图1-3所示。

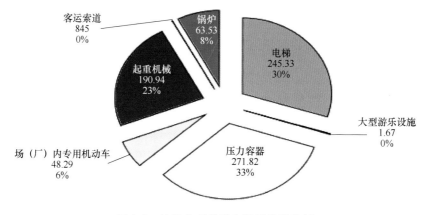

图1-3　2012年特种设备数量分类比例

2012年全国特种设备事故共计228例，死亡人数292人，受伤人数354人，与2011年相比[3,4]，事故总例数减少47例，下降17.1%；死亡人数减少8人，下降2.7%；受伤人数增加22人，上升6.6%。2012年228例事故中，29例压力锅炉事故，26例压力容器事故，8例压力管道事故，26例气瓶事故，76例起重机械事故，42例电梯事故，17例场（厂）内专用机动车辆事故，2例大型游乐设施事故，2例客运索道事故。2012年万台设备死亡率为0.517，比2011年下降13.11%，如图1-4所示。实现了国务院安委会下达的万台特种设备事故死亡率低于0.56的工作目标，事故总体呈稳中有降态势。

近5年锅炉使用安全状况如图1-5所示，2012年锅炉事故为28例，比上一年下降3.57%，锅炉事故整体也呈稳中有降态势。

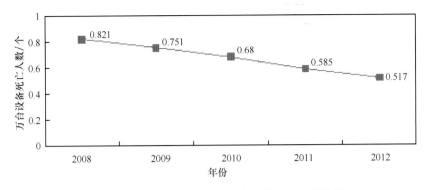

图 1-4   2008～2012 年万台设备事故死亡人数趋势

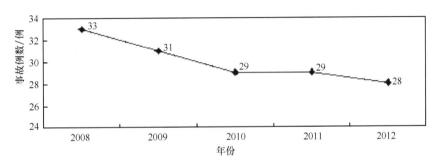

图 1-5   2008～2012 年锅炉事故例数趋势

但是对比图 1-4 和图 1-5 可知，锅炉事故死亡下降比例只有特种设备事故死亡下降比例的 27.24%，这说明锅炉事故下降不明显。分析锅炉事故的主要特征是：中小锅炉爆炸或有机热载体炉泄漏着火等比例一直居高不下。结合文献[1]中的近年来国内有机热载体炉事故案例汇总表可知：有机热载体炉事故小则数万元经济损失，大则 1～3 人死亡，1～15 人重伤。所以对有机热载体炉火灾事故原因的分析研究十分迫切。

由 2012 年统计数据[3]进一步分析事故原因可知：228 起特种设备事故中，按事故发生的阶段分类发现：事故发生在使用阶段的 179 起，占 78.5%；安装和拆除阶段的 12 起，占 5.3%；维修和检验阶段的 19 起，占 8.3%；充装和运输阶段的 14 起，占 6.1%；其他阶段 4 起，占 1.8%。由此可见，有机热载体炉在使用阶段，也就是运行时发生事故的现象较多。

统计数据[3]显示：违规操作、违章运行是事故发生的主要原因。从技术层面上来看，特种设备事故集中度最高的原因为：锅炉事故是司炉工违章操作运行或操作不当及设备本体的缺陷和安全附件失效等引起的。其中，9 起为小锅炉事故（主要为有机热载体炉积炭泄漏火灾事故），5 起为安全附件或保护装置失灵事故。

近几年来，人们发现有机热载体炉运行一段时间后，炉管内会因运动粘度过小而影响其管壁换热效率，导致受热面超温过热，严重时爆管形成火灾。统计数据及研究表明：有机热载体炉热效率降低是因为管壁有机热载体运动粘度过大，有机热载体炉发生火灾的根本原因也是如此[5,6]，有机热载体炉运动粘度检测成为特种设备检验检测机构必须认真考虑并解决的问题。因此，作为特种设备检验检测机构，积极开发有机热载体炉监控有机热载体品质的指标之一如运动粘度的检测设备和技术，是一个很值得研究的课题。

美国20世纪50年代开始采用矿物型有机热载体，70年代加入添加剂使性能得到提高。我国于70年代开始研制和生产。目前，国内外生产厂家较多，品种繁多。

随着有机热载体的广泛使用，有机热载体炉也应运而生，通过图1-4分析可知：以有机热载体炉为首的中小锅炉事故一直高发不断。通过详细查阅国内近十年有机热载体炉火灾事故相关技术项目，火灾原因及预防措施汇总可知，有机热载体炉事故原因主要有直接原因和间接原因两种。

由于间接原因导致有机热载体超温变质或管内流速降低等从而形成运动粘度过大最终导致爆管泄漏引发火灾事故。

有机热载体炉火灾事故的原因通常不止一个，一般有多个，既有结构设计、有机热载体质量、循环泵匹配性、焊接质量等技术上的原因，又有未进行有机热载体化验、未按升温曲线操作或不懂操作知识等管理上的原因，最终导致形成运动粘度过大；而运动粘度过大如果不能及时检测出来，往往会导致火灾事故的发生。因此如何检测运动粘度，是火灾预防的关键之一。

有机热载体与常规锅炉内水工质在化学物理性质方面存在巨大的差距，有机热载体受热条件下的变化更为复杂，至今尚缺乏针对有机热载体失效过程的详细研究。虽然通过引入雷诺数，综合了粘度、管径、流速三个因素对工质过程进行了更进一步分析，但两者实际上都是对工质侧平均状况的分析。通过研发有机热载体运动粘度检测方法，对有机热载体炉定期检验中对运动粘度及流速的控制等相关标准的制定、安全监管和使用维护，提供理论基础和数据支撑。

1.2 研究内容

有机热载体即热传导液，有机热载体加热技术是伴随现代工业而产生发展的。在我国，自20世纪90年代以来，有机热载体加热技术的应用领域迅速扩展，显现出巨大的发展潜力。作为传热介质，有机热载体无论从使用性能还是安全性能都有其特殊性能要求，其中运动粘度对于有机热载体的性能要求具有重要的影响。

本研究重点探讨了有机热载体及其运动粘度的影响，并采用试验比对的方法，开展如下几个方面的研究工作。

1）系统阐述了有机热载体炉的介质超温过热、氧化变质和化学污染三种变质情况，并重点叙述了其积炭形成与运动粘度的关系。

2）研制出一套有机热载体介质（变质介质，也即重油）运动粘度的检测装置和方法。该折管式快速运动粘度仪测量准确度高，测量重复性好，测量时间短、使用方便，容易清洗，完全满足 GB/T 265—1988 和 GB/T 11137—1989 对样品测量重复性的要求。与现有的采用乌氏粘度管加工的全自动运动粘度仪比较，体积轻便小巧，价格低廉，具有很广阔的市场前景，特别适合于有机热载体变质介质运动粘度的检测。

该运动粘度检测装置和检测方法就是借鉴国外标准，能达到以下效果：①测量速度快；②样品分析微量化；③清洗自动且耗费少；④适用透明和不透明样品。

该方法的研究将填补国内重油检测自动化仪器的空白，且彻底解决重油（特别是大粘度重油渣油）运动粘度的测量难题。

1.3　有机热载体及运动粘度

1.3.1　有机热载体

有机热载体作为传热介质，在我国起步于 20 世纪 60 年代，90 年代后迅速扩展，并仍呈快速发展趋势。与蒸汽锅炉相比，有机热载体锅炉具有低压、高温、高效的突出优点，但有机热载体存在毒性、易燃性、渗透性等特性，锅炉一旦发生事故，往往造成泄漏、爆炸、火灾等后果。

在日常运行中，有机热载体也存在高温劣化等问题，为确保锅炉安全、节能、经济、环保运行，国家加强了有机热载体及锅炉生产、使用的监管力度，相继颁布实施了 GB 23971—2009《有机热载体》、GB 24747—2009《有机热载体安全技术条件》、GB/T 17954—2007《工业锅炉经济运行》、TSG G5001—2010《锅炉水（介）质处理监督管理规则》、TSG G0001—2012《锅炉安全技术监察规程》等国家标准和特种设备安全技术规范，对有机热载体的使用质量提出了明确要求，本书探讨的运动粘度就是其中一项重要指标。

有机热载体是作为传热介质使用的有机物质的统称。有机热载体根据化学组成可分为合成型有机热载体和矿物油型有机热载体；按其产品热稳定性可分为 L-QB、L-QC、L-QD 三类 GB 23971—2009《有机热载体》。氧化安定性是指有机热载体在高温下接触空气等外来污染物而老化的程度。有机热载体发生氧化后生成氧化降解产物和高分子缩聚产物，导致其粘度、酸值和残炭增大，并加剧进一步的劣化进程。GB 23971—2009《有机热载体》中规定了 18 项技术指标。其主要指标的意义和影响见表 1-1。

表 1-1　有机热载体物理化学性质控制指标的机理及旧油检测意义

指　　标	新油控制指标的机理	旧油检测意义
外观	精制深度的表现	在一定程度上反映了老化或分解程度
水分	减少水分可防止有机热载体介质的腐蚀、汽化和突沸等现象	—
密度	产品构成的反应，是系统的设计参数	—
粘度	可用来评价流动性和传热效率	可作为氧化、缩聚程度的判据
馏程	馏分轻重与宽窄的判据	—
残炭	反映产品精制深度	确定裂化、缩聚程度
热稳定性	在高温条件下，化学组分抵抗高温的能力	—

液体的粘度分为运动粘度和动力粘度。运动粘度是液体在重力作用下流动时内摩擦力的量度；动力粘度是液体在剪切应力作用下流动时内摩擦力的量度。两者存在以下关系：液体的运动粘度之值为相同温度下液体的动力粘度与其密度之比。粘度反映液体的运动阻力，决定了在一定温度下液体的流动性和泵送性，在满足热稳定性要求的前提下，有机热载体应具有良好低温流动性，GB 24747—2009《有机热载体安全技术条件》对此作了明确要求（见表 1-2）。

表 1-2　有机热载体运动粘度指标要求

项　　目		允许使用质量指标	安全警告质量指标	停止使用质量指标
运动粘度 （40℃）／（mm²/s）	L-QB、L-QC 类	<40	40~50	>50
	L-QD 类	<40	40~60	>60

过热超温，氧化及化学污染给有机热载体带来的品质变化基本上都是不可恢复的变化，由此造成的有机热载体组分发生的是不可逆的化学反应，如图 1-6 所示。

综上所述，有机热载体介质的过热超温、氧化和化学污染虽然是不可避免的，但又是可以预防的。预防的关键在于科学的设计系统和锅炉，合理的选择有机热载体和工艺操作参数，正确地进行设备和系统操作运行，定期的检测有机热载体运动粘度变化和及时的解决系统中存在的缺陷问题[5]。

有机热载体在系统中积炭，有机热载体变质是一个复杂过程，涉及有机物聚合、裂解。大组分有机热载体是混合物，这种变质更为复杂。在这些化学反应中，其主要反应产物路线即有机热载体裂解脱氢示意图如图1-7所示。

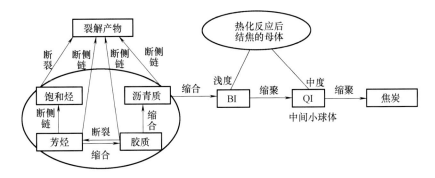

图1-6　有机热载体不可逆化学反应示意图

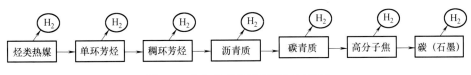

图1-7　有机热载体裂解脱氢示意图

从以上有机热载体裂解脱氢示意图可以分析：顺着介质的裂解脱氢，介质的相对分子质量增大很快，如一般胶质在650～900，而沥青在800～30000。众所周知，大分子物质在有机热载体中是不溶的，并且会从介质中分离出来。而分离出来的物质又是黏糊的，增大运动粘度，在运行循环传热过程起诱导因子作用，导致进一步恶化。

1.3.2　有机热载体运动粘度

运动粘度为液体在重力作用下流动时内摩擦力的量度，其值为相同温度下液体的动力粘度与其浓度之比。在国际单位制（SI）中，运动粘度的单位以m^2/s表示，通常使用的单位为mm^2/s。

动力粘度为液体在剪切应力作用下流动时内摩擦力的量度，其值为所加于流动液体的剪切应力和剪切速率之比。在国际单位制（SI）中，动力粘度的单位以Pa·s表示，通常使用的单位为mPa·s。

粘度是液体的内摩擦力。润滑油受到外力作用而发生相对移动时，油分子之间产生的阻力使润滑油无法进行顺利流动，其阻力大小称为粘度。粘度是使发动机保持正常运转的最重要因素，粘度大，机油流动速度慢，在摩擦面之间形成的油膜较厚，设备在起动时则零部件因暂时缺油而造成磨损；在发动机较大负荷的情况下（特别是超重载运输车辆的发动机），润滑效果比较好，但粘度大时润滑油的冷却和冲洗作用较差。反之，粘度较小，润滑油的流动性较好，容易流到较小间隙的摩擦表面之间，可保证润滑、冷却等效果；如果发动机工况较差而选用机油的粘度又过小（即选用不当），在较大负荷下就会引起润滑不足而加速机件的磨损。

在流体中取两面积各为 $1cm^2$，相距 1cm，相对运动速度为 1cm/s 时所产生的阻力称为动力粘度。以 CCS 测定仪来测量，在国际单位制中，动力粘度单位是 mPa·s。流体的动力粘度与同温度下该流体的密度的比值称运动粘度，国际单位为 mm^2/s。

运动粘度和动力粘度是评定润滑油粘度的两项指标。动力粘度越小，润滑油低温流动性越好；反之，动力粘度越大，润滑油低温流动性越差。而运动粘度越小，润滑油粘度越低；运动粘度越大，高温粘度保持越好，润滑油粘度越大。

有机热载体运动粘度按照 GB 24747—2009《有机热载体安全技术条件》规定，测定 40℃ 条件下，有机热载体的稀稠度和流动性能，单位为 mm^2/s。当有机热载体使用温度高及长时间使用时，有机热载体内部基团发生裂解或聚合，裂解会使粘度下降，而聚合和氧化使粘度上升。粘度的变化会引起液体在管道中的流动性能变差，造成边界层过热，形成残炭沉积管壁，影响传热。GB 24747—2009 规定，L-QB、L-QC 型有机热载体超过 $50mm^2/s$，L-QD 型有机热载体超过 $60mm^2/s$ 时停止使用。

造成导热油变质的原因如下：导热油超过其规定的最高使用温度便会局部过热，产生热分解和缩聚，析出碳；闪点下降，颜色变深，粘度增大；残碳含量升高，传热效率下降，结焦老化。导热油与空气中的氧气接触发生氧化反应，生成有机酸并缩聚成胶泥，使粘度增加，不仅降低介质的使用寿命，而且造成系统酸性腐蚀，影响安全运行。导热油的氧化速度与温度有关，在 70℃ 以下，氧化不明显；超过 100℃ 时，随着温度的升高，导热油氧化速度加快，并迅速失效。导热油使用多年后，由于受热分解、碳聚合形成炉管结焦，使管内径缩小而造成导热油流量降低，循环泵克服的阻力增大，严重时会导致堵塞炉管；另一方面生成的大分子缩合物使导热油的粘度增高，炉管结焦，热阻增大会导致炉管寿命降低。

1.4　运动粘度的影响因素及其积炭

有机热载体炉介质的选择应根据有机热载体介质的物理化学性质，运动粘度反映有机热载体的运动阻力。在一定温度下，有机热载体的流动性和泵送性也取决于介质的运动粘度。标准规定：运动粘度需要报告 0℃、40℃、100℃ 时的粘度值，供用户考察该产品在不同温度条件下的流动性和传热性。

1.4.1　温度因素

液体粘度随温度升高而减小，在低于正常沸点下有机热载体粘度的对数值与温度的倒数近似呈线性关系。因此可用下列关联式计算：$\ln\eta/(\rho M) = A + BT$，其中 A、B 为各基团贡献值，无量纲；当温度高于沸点，则用 Vogel 式比较好，即 $\ln\eta = A + BT + C$，其中 $C = 187 - 0.19T_b$，T_b 为液体的沸点，T 为液体的热力学温度。有机热载体运动粘度与温度之间的关系图如图 1-8[20] 所示。

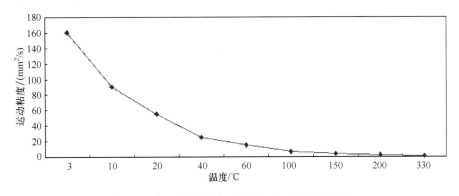

图 1-8　有机热载体运动粘度与温度之间的关系

图 1-9 反映的是根据三种常见的有机热载体炉用的介质产品进行的使用温度与变质率的关系。从图 1-9 可以看出，有机热载体超过一定的温度极限则相应的有机热载体热分解速度成倍的增长。

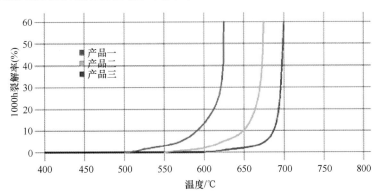

图 1-9　有机热载体使用温度与其变质率之间的关系

1.4.2　液体密度、相对分子质量及分子结构因素

粘度与液体密度、相对分子质量及分子结构有关。低温下液体粘度可用 Orrick 和 Erbar 法：

$$\ln\eta/(\rho M) = A + BT \tag{1-1}$$

式中：A、B 为各基团贡献值，无量纲；ρM 为液体粘度，ρ 为 20℃ 的液体密度（$g \cdot cm^3$），M 为相对分子质量；T 为热力学温度（K）。

1.4.3 高温裂解及积炭

在正常运行时，有机热载体也会因管壁高温而发生裂解，其中的轻组分会使有机热载体的粘度有所下降，但部分低分子有机物会聚合生成粘度更大的胶质高分子有机物，因此有机热载体的粘度通常随着使用时间的加长而增大。

根据流体力学理论：流体在管壁流动，当雷诺数 <2100 为层流，雷诺数在 2100～4000 为过渡流，雷诺数 >4000 为紊流。从热传导的角度来看，在紊流状态，炉管内的流体才能将受热管壁传来热量迅速分散到整个流体，紊流越强烈则传热效率越高。

根据雷诺数的定义式：$Re = wd/\nu$，其中 w 为流体流速，d 为管径，ν 为流体运动粘度，当运动粘度增大时，有机热载体在炉管内的流速将逐渐变慢，随着流速 w 减小、运动粘度 ν 增大，雷诺数 Re 会加速下降。当流动状态由紊流转为过渡流（甚至层流），将严重影响热传导。管壁上的实际液膜温度将超过有机热载体的最高允许液膜温度，进而导致有机热载体品质劣化加剧，并加速高粘度胶质物的生成。这些胶质物是有机热载体中残炭的主要来源，而且这些胶质物由于粘度大容易黏附在管壁上。当黏附在受热面管内壁时，因受热而造成炉管结焦和积炭；又由于碳膜的传热系数只有钢铁的几百分之一，将导致炉管过热。如此恶性循环，导致炉管内径变小甚至堵塞，严重时会造成锅炉爆管或炉管烧损等。

1.4.4 锅炉运行中有机热载体运动粘度的变化

有机热载体锅炉日常运行主要分为三个阶段（冷起动、正常运行、停炉），有机热载体在各个阶段运动粘度变化如图 1-10 所示。

由于矿物油型有机热载体在常温（低温）时粘度一般较大，在锅炉冷态起动时也存在有机热载体实际液膜温度超过最高允许液膜温度的问题。冷起动时，该有机热载体流动状态为层流或过渡流，为此，TSG G0001—2012《锅炉安全技术监察规程》中要求："锅炉制造单位应当在锅炉出厂资料中提供锅炉最高液膜温度和最小限制流速的计算结果"，由于锅炉的设计

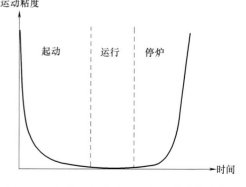

图 1-10 锅炉运行中有机热载体粘度的变化

最小限制流速一般均小于5.0m/s，冷起动时矿物油型有机热载体的运动粘度较大，有机热载体极易出现超温。

1.5 案例分析

对某公司的一台YL（G）L-1000（80）MA固定炉排的立式盘管有机热载体锅炉进行例行的油质监测中，发现该有机热载体的运动粘度检测数据明显异常。据使用单位反映，此前已发现锅炉冷态起动困难，需要逐步预热后才能起动。但使用单位考虑换油成本过高，因此一直使用至今，而去年年初的有机热载体报告却并无异常。

为此我们对该锅炉系统进行了考察：该锅炉的介质设计出口温度为320℃，允许使用压力为0.7MPa，燃料为无烟煤，所用导热油为矿物油型的L-QC320有机热载体，已运行了四年，此间陆续添加同型号的油品，补充其自然损失。锅炉实际运行时的出口温度为233℃，回流温度为219℃，超温连锁是通过控制回流温度实现，超温温度设置为222℃。锅炉膨胀槽密封采用排空管加阀门的方式，运行中阀门常闭，此前几年的生产中并未发现异常。但在去年由于企业生产规模扩大，又上了一个车间增加了几台塑胶模具，导热油管道也延伸至新的车间。根据考察结果，我们认为导热油的品质劣化主要是超温引起的。主要是企业擅自将导热油管道延长，锅炉运行阻力增大，却没有更换循环泵，导热油流速过缓，引起受热炉管中导热油过热，发生裂化、结焦等劣化反应。由于运行中锅炉膨胀槽密封排空管阀门常闭，劣化产生的小分子无处逃逸，在导热油中其他劣化产物的影响下可能发生催化聚合，导致导热油的运行粘度迅速增大，短时间内就严重超标。而锅炉系统处于密闭空间，导热油受氧化的程度却不大，因此从酸值等指标来看还是处于合格范围。

根据以上对有机热载体运动粘度的影响因素和对案列的分析，为了确保有机热载体锅炉的安全、节能、经济、环保运行，关键在于防止有机热载体在运行中的各个阶段过热（液膜温度超过最高允许液膜温度），导致有机热载体的运动粘度（及其他指标）因劣化而快速升高，造成有机热载体在过热或流速缓慢部位结焦、积炭。

为此，如何快速、便捷和准确地检测出有机热载体的运动粘度值是有机热载体炉检验和预防积炭事故中一个十分关键的因素。

第2章

有机热载体运动粘度检测方法

粘度测量在石油、化工、交通等众多国民经济领域应用广泛，是控制生产流程、保证安全生产、评定产品质量和科学研究的重要手段。随着经济的发展，国家对环保节能方面尤为重视。检测方法的自动化程度越高，检测速度越快，便能大大地节约时间，减少劳动力，又能减少检测有机废液的排放。

目前，国内外有机热载体运动粘度检测方法主要有以下四种标准：

1）ASTM D445—2006《透明和不透明液体运动粘度标准试验方法》。

2）GB/T 265—1988《石油产品运动粘度测定法和动力粘度计算法》。

3）GB/T 11137—1989《深色石油产品运动粘度测定法（逆流法）和动力粘度计算法》。

4）ASTM 7279—2014《自动折管式粘度仪测量透明和不透明液体运动粘度》。

这几种方法的原理是基于相对测量法而设计的，即测量一定体积的液体在重力（即液柱自身重量）的作用下流经毛细管所需时间，按公式计算运动粘度。

通过项目的研究，在 GB/T 265—1988《石油产品运动粘度测定法和动力粘度计算法》和 GB/T 11137—1989《深色石油产品运动粘度测定法（逆流法）和动力粘度计算法》的基础上，研制出了一个有机热载体运动粘度快速高效的检测方法。

现有的检测方法对于不同粘度的石油产品，需要采用不同的粘度计，操作起来相对复杂，消耗时间相对较长，尤其是对于粘度大几乎无法流动的在用有机热载体。由于油品颜色的影响，检测起来尤为困难，检测一个样品花费的时间很长，且清洗麻烦，溶剂消耗量大，污染严重。随着时代的进步及技术的发展，已经有越来越自动的、方便的、快捷的仪器设备能够更好地进行运动粘度的检测。

折管检测方法在国内尚未有统一的检测规范。在国外，美国标准化委员会颁布了一种运动粘度测量的新方法 ASTM D7279《自动折管式粘度仪测量透明和不透明液体运动粘度的标准测试方法》，依据这种测试方法能快速自动测量运动粘度，而此种检测方法在国内尚是空白。

本书提出的折管式运动粘度测定方法有如下两个优点：

一是适用范围广，能够检测不同粘度的有机热载体，无论是粘度低的还是粘度特别大的几乎无法流动的有机热载体。

二是对比 GB/T 265—1988《石油产品运动粘度测定法和动力粘度计算法》和 GB/T 11137—1989《深色石油产品运动粘度测定法（逆流法）和动力粘度计算法》两种检测方法，折管式检测法可以综合两种标准中涉及的检测方法，即可用一只粘度计检测深色及浅色的导热油样品。该方法解决了检测过程中油品用量大、耗时长、清洗困难等一系列问题，不仅检测时间短、油品用量小、清洗容易、产生的费油很少，而且无论是深色还是浅色的油品，都能够在不需要更换粘度计的情况下进行检测，且准确精度高，大大提高了工作效率，见表 2-1。

表 2-1　折管法与两项标准涉及的检测方法对比

项目标准	折管法	GB/T265—1988（逆流法）	GB/T 11137—1989（品式或乌式法）
恒温时间	≤1min	≥20min	≥15min
分析时间	1～5min	≥16min	≥16min
分析油品用量	1～3mL	10～12mL	10～12mL
清洗时间	1～3min	≥5min	≥2min
清洗剂用量	10～20mL	≥100mL	≥60mL
适用样品	深色、浅色	深色	浅色
粘度计检测跨度	10 倍（30～300s）	5 倍（200～1000s）	
重复性	1.0%（≤10mm²/s） 0.68%（>10mm²/s）	1.0%X_1（15～100℃） 3.0%X_1（-30～15℃） 5.0%X_1（-60～-30℃）	1.5%X_1（50℃） 1.5%（X_1+8） （80，100℃）
再现性	4.0%（≤10mm²/s） 2.2%（>10mm²/s）	2.2X（15～100℃）	7.4%X_2（50℃） 4.0%（X_2+8） （80，100℃）

注：完成一个样品检测。

2.1　石油产品运动粘度测定法和动力粘度计算法

执行标准：GB/T 265—1988。

适用范围：该方法适用于测定液体石油产品（指牛顿液体）的运动粘度，

单位为 m^2/s，通常使用 mm^2/s。动力粘度可由测得的运动粘度乘以液体的密度求得。

2.1.1 方法

在某一恒定的温度下，测定一定体积的液体在重力下流过一个标定好的玻璃毛细管粘度计的时间，粘度计的毛细管常数与流动时间的乘积，即为该温度下测定液体的运动粘度。在温度 t 时，运动粘度用符号 γ_t 表示。

该温度下运动粘度和同温度下液体的密度之积为该温度下液体的动力粘度。在温度 t 时的动力粘度用符号 η_t 表示。

2.1.2 仪器和试剂

毛细管粘度计一组：毛细管内径（单位为 mm）为 0.4、0.6、0.8、1.0、1.2、1.5、2.0、2.5、3.0、3.5、4.0、5.0 和 6.0。

玻璃水银温度计、秒表（分格为 0.1s）。

恒温浴：根据测定的条件，要在恒温浴中注入一种液体。

试剂：石油醚、95% 乙醇均为化学纯。

2.1.3 准备工作

1）试样含有水或机械杂质时，在实验前必须经过脱水处理。对于粘度大的润滑油可以用瓷漏斗，利用真空泵进行吸滤，也可以在加热至 50 ~ 100℃ 的温度下进行脱水过滤。

2）在测定试样的粘度之前，必须将粘度计用溶剂油或石油醚洗涤。

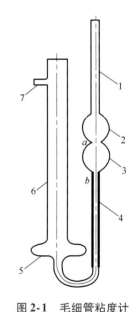

图 2-1　毛细管粘度计

1、6—管身　2、3、5—扩张部分
4—毛细管　7—支管　a、b—标线

2.1.4 试验步骤

1）在内径符合要求且清洁、干燥的毛细管粘度计内装入试样。在装入试样之前，将橡胶管套在支管 7 上，并用手指堵住管身 6 的管口，同时倒置粘度计，然后将管身 1 插入装着试样的容器中；这时利用橡胶球、水流泵或其他真空泵将液体吸到标线 b，同时注意不要使管身 1，扩张部分 2 和 3 中的液体发生气泡和裂隙。当液面达到标线 b 时，就从容器里提起粘度计，并迅速恢复其正常状态，同时将管身 1 的管端外壁所沾着的多余试样擦去，并从支管 7 取下橡胶管，套在管身 1 上。

2）将装有试样的粘度计浸入事先准备妥当的恒温浴中，并用夹子将粘度计固定在支架上，在固定位置时，必须把毛细管粘度计的扩张部分 2 浸入一半。温度计要利用另一只夹子来固定，务使水银球位置接近毛细管中央点的水平面，并使温度计上要测温的刻度位于恒温浴的液面上 10mm 处。使用全浸式温度计时，如果它的测量刻度露出恒温浴的液面，依照式（2-1）计算温度计液柱露出部分的补正数 Δt，才能准确地量出液体的温度：

$$\Delta t = kh \ (t_1 - t_2) \tag{2-1}$$

式中：k 为常数，水银温度计采用 $k = 0.00016$，酒精温度计 $k = 0.001$；h 为露出在浴面上的水银柱或酒精柱高度，用温度计的度数表示；t_1 为测定粘度时的规定温度（℃）；t_2 为接近温度计液柱露出部分的空气温度（℃），试验时取 t_1 减去 Δt，作为温度计上的温度读数。

3）将粘度计调整成为垂直状态。将恒温浴调整到规定的温度，把装好的粘度计浸在恒温浴内，恒温一定的时间（表 2-2）。试验的温度必须保持恒定 ±0.1℃。

表 2-2 粘度计在恒温浴中的恒温时间

试验温度/℃	恒温时间/min
80 ~ 100	20
40 ~ 50	15
20	10
0 ~ -50	15

4）利用毛细管粘度计管身 1 口所套着的橡胶管将试样吸入扩张部分 3，使试样液面稍高于标线口 a，注意不要让毛细管和扩张部分 3 的液体产生气泡或裂隙。

5）此时观察试样在管身中的流动情况，液面正好到达标线 a 时，开动秒表，液面正好流到标线 b 时，停止秒表。试样的液面在扩张部分 3 中流动时，注意恒温浴中正在搅拌的液体要保持恒定温度，而且扩张部分中不应出现气泡。

6）用秒表记录下来的流动时间，应重复测定至少四次，然后取不少于三次的流动时间所得的算术平均值，作为试样的平均流动时间。

2.1.5 数据计算

在温度 t 时，试样的运动粘度 γ_t（mm^2/s）按式（2-2）计算：

$$\gamma_t = C\varGamma_t \tag{2-2}$$

式中：C 为粘度计常数（mm^2/s^2）；$\varGamma_t$ 为试样的平均流动时间（s）。

在温度 t 时，试样的动力粘度 η_t 的计算如下：按 GB 1884《石油和液体石油产品密度测定法（密度计法）》和 GB 1885《石油计量换算表》测定试样在温度

t 时的密度 ρ_t（g/cm^3）。

$$\eta_t = \gamma_t \cdot \rho_t \tag{2-3}$$

式中：γ_t 为在温度 t 时，试样的运动粘度（mm^2/s）；ρ_t 为在温度 t 时，试样的密度（g/cm^3）。

2.1.6 精密度

用下述规定来判断试验结果的可靠性（95% 置信水中）。

（1）重复性 同一操作者，用同一试样重复测定的结果之差，不应超过表 2-3 所列数值。

（2）再现性 由不同操作者，在两个实验室再现的结果之差，不应超过表 2-4 所列数值。

表 2-3 重复测定结果

测定粘度的温度/℃	重复性（%）
100 ~ 15	算术平均值的 1.0
低于 15 ~ -30	算术个均值的 3.0
低于 -30 ~ -60	算术平均值的 5.0

表 2-4 再现测定结果

测定粘度的温度/℃	再现性（%）
100 ~ 15	算术平均值的 2.2

2.2 深色石油产品运动粘度测定法（逆流法）和动力粘度计算法

执行标准：GB/T 11137—1989。

适用范围：该标准规定了用逆流粘度计测定深色石油产品运动粘度及通过测得的运动粘度计算动力粘度的方法。该标准运用于深色石油产品。该标准不适用于测定沥青的粘度。

2.2.1 方法

测定一定体积的液体在重力作用下流过一个经校准的玻璃细管粘度计（逆流粘度计）的时间来确定深色石油产品的运动粘度。由测得的运动粘度与其密度的乘积，可得到液体的动力粘度。

2.2.2 仪器和试剂

仪器如图 2-2 所示。试剂如下所述。

2.2.3 准备工作

残渣燃料和类似的产品，其粘度会受预热过程的影响，应按下述步骤进行。

1）将容器中的试样置于烘箱中，在 60℃ ± 2℃ 加热 1h（注：对高粘度的油品，可以适当提高加热温度，使试样完全混合，但不要超过试验温度）。

2）用一根长玻璃充分搅拌试样，直到没有沉淀物或蜡状物粘在棒上。

3）将容器盖重新紧紧地盖上，并剧烈地摇动，使其完全混合，并将试样倒入 100mL 烧杯中（注：如果试样中含有固体颗粒，应通过一个 200 目（75μm）的滤网进行过滤）。

4）在测定粘度之前，必须将粘度计用溶剂油或石油洗涤干净。

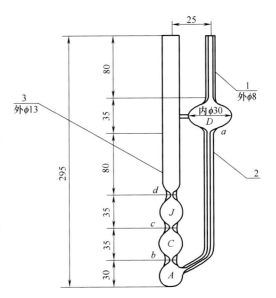

图 2-2　坎农-芬斯克不透明粘度计
1、3—管身　2—毛细管
a、b、c、d—标线　D、A、C、J—球

2.2.4　操作步骤

1）选择清洁干燥的粘度计，使试样的流动时间大于 200s。

2）将粘度计倒置，把管 1 浸入试样中，并抽吸管 3，使试样通过管 1 充满球到装样标线 a。注意不要有气泡。取出粘度计，擦去管 1 上所沾的试样，并把粘度计返回到正常位置，用一个橡胶塞或带有螺旋夹的橡胶管封闭管 1。

3）将粘度计安装到恒温浴中，使恒温浴液面高于球 D，并保持管 1 垂直。在 50℃ 测定粘度时，粘度计在恒温浴中的恒温时间不得少于 20min；在 80℃ 或 100℃ 测定粘度时，粘度计恒温时间不得少于 25min。当任一支粘度计正在测定流动时间时，不要向恒温浴中放入或取出其他粘度计。

4）待粘度计恒温达到要求后，取下管 1 上的橡胶塞或橡胶管。测定试样通过粘度计球 C（由标线 b 到 c）所需的时间。

5）对于按标准处理过的试样，其粘度测定应在加热后 1h 内完成。

6）在与测定粘度相同的温度下，按 GB 1884 和 GB 1885 测定试样的密度，准确度至 0.001g/cm^3。计算：同上述方法。

2.2.5 精密度

按下述规定判断测定结果的可靠性（95%置信水平）。

重复性：同一操作者重复测定的两个结果之差不应大于表 2-5 所列数值。其中 X 为重复测定两个结果的算术平均值。

再现性：不同实验室各自提出的两个结果之差不应大于表 2-6 所列数值。其中 X 为不同实验室提出的两个结果的算术平均值。

表 2-5 重复性测定

温度/℃	重复性/(mm^2/s)
50	1.5% X
80 和 100	1.3% $(X+8)$

表 2-6 再现性测定

温度/℃	再现性/(mm^2/s)
50	7.4% X
80 和 100	4.0% $(X+8)$

2.3 自动折管式粘度仪测量透明和不透明液体运动粘度测试方法

执行标准：ASTM D7279-06，涵盖了使用自动折管式粘度仪测量透明及不透明液体的运动粘度，它包括新油和在用润滑油的测量。

适用范围：$0.2 \sim 1000 mm^2/s$，温度范围为 $20 \sim 150℃$。

2.3.1 方法

运动粘度决定于某一特定温度下，该样品注满经校正过的一定容积的空间所花费的时间。样品注入仪器后并流入装有两个检测器的粘度管。样品流动过程中达到恒温槽的温度，并当样品的先头部分到达第一个检测器时，自动仪器开始计时；当样品的先头部分到达第二个检测器时，自动仪器终止计时。于是，可以利用这一时间间隔，和先前通过采用标准物质测得的粘度管常数来计算样品的运动粘度。运动粘度的测量采用式（2-4）：

$$\nu = Ct \tag{2-4}$$

式中：ν 为运动粘度（mm^2/s）；C 为粘度管常数（mm^2/s^2）；t 为实验中测得的流动时间。

2.3.2 仪器

自动粘度仪——系统由下列几部分构成：

1）恒温浴槽：保证系统最佳的热均匀性，浴槽内装有矿物油或者硅油，并装配有搅拌装置。

2）温度调整系统：可以控制在目标温度0.02℃的范围内。

3）折管式粘度管：玻璃制造，具有经校正过的容积（图2-3）。不同粘度管，容积是根据粘度管的不同尺寸变化的，这一方法可以增加粘度管的测量范围。

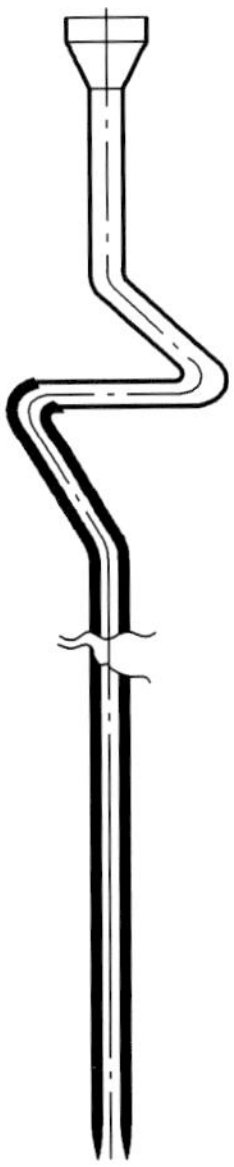

图2-3 折管式粘度管

4）清洗/真空系统：包括一个或者更多的清洗液储存容器以作为将清洗液输送到粘度管，清洗后用于干燥粘度管，清除样品，排出废液等。

5）自动粘度管控制系统：电子处理器，要求此处理器能操作仪器、控制计时器、调整温度、清洗粘度管和记录并报告实验结果。

6）PC——兼容的计算机系统：可以根据不同制造商的指令进行数据收集。

7）温度测量装置：使用玻璃温度计，要求校正后的精度不低于±0.02℃；也可以使用精度优于或者等于±0.02℃的其他类型温度计。

8）计时装置：要求分辨率为不低于0.01s，计时准确度要求在测量的最大或者最小时间内不超过0.07%。

9）微量移液器：容积范围在50～250μL内，绝对精度为±2.5μL。

折管式粘度仪常数粘度范围如图2-4所示。

样品量/μL	管子常数	粘度/(mm²/s)																										
		min	max	2	3	7	10	15	20	30	35	45	50	60	70	75	100	120	150	200	210	250	300	450	500	700	1000	1500
90	0.07	2	7																									
	0.1	3	10																									
180	0.2	7	20																									
	0.3	10	30																									
	0.5	15	50																									
	0.7	20	70																									
	1	30	100																									
	1.2	35	120																									
360	1.5	45	150																									
	2	60	200																									
	2.5	75	250																									
	3	100	300																									
	5	150	500																									
540	7	210	700																									
	10	300	1000																									
	15	450	1500																									

最实用的粘度范围

图2-4 折管式粘度仪常数与粘度范围

注：折管式测量的粘度范围是基于最实用的流动时间为30～200s。

2.3.3　试剂与材料

1）用不含铬又具有强氧化性的酸作为洗液。典型的清洗液包括甲苯、石脑油、丙酮、庚烷。

2）维持测量温度用的硅油或者白油的合适粘度的技术分级（如25℃时运动粘度为$100mm^2/s$，或者相当的数值）。

2.3.4　仪器准备

1）将自动运动粘度仪置于稳定、水平的台面上。

2）如果还没有安装检测器，则将检测器安装好。

3）在安装并且固定好所有粘度管后，往恒温槽内注入适量的恒温液。

4）往清洗液储存器内加入适量的清洗液。

5）根据厂商的说明操作仪器。

6）选定一根干净、干燥过的并且经过校正的粘度管，如果能预估样品运动粘度，要求该粘度管的测量范围覆盖该样品的预估值。采用哪一根粘度管取决于对样品运动粘度的预估值。

2.3.5　测定过程

1）设定并保持自动粘度仪恒温槽为需要的温度。如果要使用温度计，温度计应该处于垂直位置，浸入液体的条件应当与校正时一致。

2）用微量移液器注入样品。样品量是粘度管常数的一个函数，应当根据厂商的指示选用样品量。

3）注入样品，开始测量。

4）自动粘度仪处理系统将测量落样时间，根据相关公式计算运动粘度并记录结果。

5）起动清洗过程。

6）在进行下一次测量前要让粘度管温度保持5min，以使粘度管达到恒温槽的温度。

2.3.6　精密度

1）精度：基于2004年进行的使用10个在用油和5个新油在不同实验室进行的研究，并根据15个实验室的数据，获得以下精度。

2）再现性（可靠性）：由不同实验室工作的不同操作人员，对名义上相同的测试材料进行测定，最后，该测试方法在正常和正确使用的前提下，得到的两个单一的、独立的结果之间的差异，超出所显示数值的概率不大于5%（表2-7）。

表 2-7　不同实验室、操作人员再现结果

温　度	重 复 性	再 现 性	范　围
40℃	0.68%	3.0%	$6 \sim 17 mm^2/s$
100℃	1.6%	5.6%	$25 \sim 150 mm^2/s$

这里，精度是通过两个以 mm^2/s 为单位的两个实验结果的相关平均值来表达的。

2.4　直管式全自动粘度仪测定法

执行标准：ASTM D445—2006《透明和不透明液体运动粘度标准测试方法》。

定义：该测试方法指定了通过测量一定体积的液体，在重力作用下流经校准过的玻璃毛细管粘度计所需的时间，来确定包括透明及不透明液体石油产品的运动粘度 ν 的方法。动力学粘度 η，等于运动粘度 ν 乘以液体密度 ρ。

适用范围：该测试方法适用于所有温度条件，运动粘度在 $0.2 \sim 300000 mm^2/s$ 之间的液体的动力学运动粘度的测定。

2.4.1　方法

在一定恒温条件下，先测量一定体积液体在重力作用下流经计量过的毛细管粘度计的时间，再将所测量的时间乘以粘度计常数即为液体运动粘度。需测量两组满足精度要求的结果，并求其平均值。

（1）运动粘度计　应当放置在与校准温度或者校准证书上注明的测试温度相同的恒温浴中。对于 L 型粘度计，为确保其能够垂直放置，可采用以下方法：①安装一个固定器固定好粘度计，确保其垂直；②在 L 型粘度计上设计安装一个气泡水平仪；③在 L 型粘度计上悬挂铅垂线；④在恒温水浴内部安装相关装置确保 L 型粘度计的垂直放置。

（2）恒温浴装置　恒温浴采用透明液体作为介质，液体有足够深度，以确保在运动粘度测定过程中，恒温浴液面高于检测样品至少 20mm，而粘度计底部则要高于恒温浴底部至少 20mm。

（3）温度控制　测量连续流动时间时，浴液的控温范围为 $15 \sim 100℃$，对于恒温浴介质，其与粘度计等高的范围内，在几个粘度计之间的部分，以及在温度计的放置处，各部分的温度与设定温度误差不得超过 $\pm 0.02℃$。测量温度在 $15 \sim 100℃$ 范围之外时，恒温介质温度与设定温度的偏离不得超过 $\pm 0.05℃$。

（4）时间测定装置　所使用的时间测量装置的精密度要达到 0.1s 或者更高，对同一样品，其读取的最大及最小流动时间的误差不得超过 0.07%。

2.4.2 仪器

仪器：HVM472型全自动宽量程万能粘度仪（图2-5～图2-7），由以下三部分组成：①运动粘度计；②自动运动粘度计；③粘度计支架。其中，使用的粘度计支架应使粘度计悬挂时，上下两个弯月液面保持垂直状态，其与垂直方向的任何夹角不得超过1°。运动粘度计在保持垂直状态时，上下两个弯月的偏移量不得大于0.3°。

试剂与材料：①铬酸洗液及样品溶剂；②干燥试剂；③丙酮适用于作干燥试剂；④试验用水——去离子水或者蒸馏水。

仪器特点：

1）可同时测定两个不同温度下的粘度。

2）粘度范围：0.5～5000cSt/40℃；0.5～2000cSt/100℃。

3）可配备电脑工作站，操作方便。

4）可以同时放入26个样品，并有预加热区。

图2-5 HVM472型全自动宽量程万能粘度仪

5）控温范围：20～150 ℃。

注：$1cSt = 10^{-6} m^2/s$。

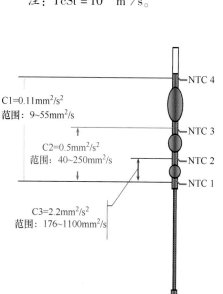

C1=0.11mm²/s²
范围：9～55mm²/s

C2=0.5mm²/s²
范围：40～250mm²/s

C3=2.2mm²/s²
范围：176～1100mm²/s

NTC 4

NTC 3

NTC 2

NTC 1

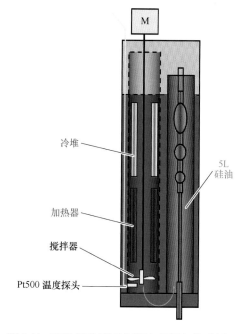

M

冷堆

加热器

搅拌器

Pt500 温度探头

5L
硅油

图2-6 HVM472型粘度仪原理图

图2-7 HVM472型毛细管内部详细构造图

2.4.3 测定过程

1）调节粘度计恒温浴温度至测定温度，并等待设定温度与实际测定温度之间误差满足规定的范围。

① 测定过程中，温度计必须垂直悬挂，并且其浸没在恒温浴中的位置要与校准时的位置相同。

② 为了获得可靠的温度读数，建议同时使用两个校准过的温度计。

③ 在对温度计读数时，应当安装一个可放大 5 倍的放大镜，以消除目视读数误差。

2）在测定样品时，需选择清洁、干燥，并校准过的粘度计。

① 首先估计待测样品的运动粘度值，选择合适粘度计，确保样品的运动粘度值在粘度计测定范围内（黏稠样品选择毛细管直径粗的粘度计，反之选择较细毛细管粘度计）。测定的液体流动时间不得低于 200s，或者比规范 D446 中要求的最低时间更长。

② 当测试温度低于露点温度时，按照该测试方法以正常方式填充粘度计。为了确保水分不在毛细管壁上凝结或者冻结，可提升测试部分至工作毛细管和计时球室处；然后在管口插入橡胶塞保持提升状态；最后再将粘度计插入恒温浴中。等粘度计达到浴温后，拔去塞子。当采用手动方式测定粘度时，不要使用在填充样品时无法从恒温浴中取出的粘度计。

③ 测定硅树脂流体、碳氟化合物和其他类似的使用清洁试剂难于除去的液体所使用的粘度计，应当被单独存放并仅用于这类液体的测定，除非被重新校准后才可做他用。这些粘度计需频繁进行校准检查。清洗过这类粘度计的溶液不得再用于清洗其他的粘度计。

2.4.4 结果计算

1）从测定得到的流动时间 t_1 和 t_2 及粘度剂的粘度计常数 C，按照式(2-5)计算样品的运动粘度：

$$\nu_{12} = Ct_{12} \tag{2-5}$$

式中：ν_{12} 为分别测得的两个运动粘度值 ν_1 和 ν_2（mm^2/s）；C 为粘度计的校准常数（或者粘度计常数）（mm^2/s^2）；t_{12} 为两次分别测定的样品的流动时间 t_1、t_2（s）。

而样品的运动粘度值是 ν_1 和 ν_2 的平均值。

2）从测定得到的运动粘度 ν 和密度 ρ，按照式（2-6）计算动力学粘度 η：

$$\eta = \nu\rho \times 10^3 \tag{2-6}$$

式中：η 为动力学粘度（$mPa \cdot s$）；ρ 为密度（kg/m^3），此密度测定温度与运动粘度测定温度相同；ν 为运动粘度（mm^2/s）。

样品密度需在与运动粘度测定时相同的温度下测定。

2.4.5 精密度

测定值的比较如下。

1）确定性（d），由同一操作人员，在同一实验室内，使用同一仪器，经过一系列导致单一结果的操作；最后，该测试方法在正常和正确使用的前提下，连续测定得到的数值的差异，超出所显示数值的概率不大于5%。

结果比较见表2-8。y指被比较的两个检测结果的平均值。

表 2-8　确定性（d）连续测定结果

基础油在40℃和100℃（6）	0.0020y	（0.20%）
调配润滑油在40℃和100℃（7）	0.0013y	（0.13%）
调配润滑油在150℃（8）	0.015y	（1.5%）
石油腊在100℃（9）	0.0080y	（0.80%）
残留燃料油在80℃和100℃（10）	0.011（y+8）	
残留燃料油在50℃（10）	0.017y	（1.7%）
添加剂在100℃（11）	0.00106y 1.1	
汽油在40℃（12）	0.0013（y+1）	（1.7%）
黑色燃料油在－20℃（13）	0.0018y	（0.18%）

2）重复性（r），是同一操作人员，在同一实验室内，使用同一仪器，在恒定操作条件下对同一样品进行测定，最后，该测试方法在正常和正确使用的前提下，连续测定得到的数值的差异，超出所显示数值的概率不大于5%。

表2-9中x是被比较的两个测定结果的平均值。

表 2-9　重复性（r）测定结果

基础油在40℃和100℃（6）	0.0011x	（0.11%）
调配润滑油在40℃和100℃（7）	0.0026x	（0.26%）
调配润滑油在150℃（8）	0.0056x	（0.56%）
石油腊在100℃（9）	0.0141x1.2	
残留燃料油在80℃和100℃（10）	0.013（x+8）	
残留燃料油在50℃（10）	0.015x	（1.5%）
添加剂在100℃（11）	0.00192x 1.1	
汽油在40℃（12）	0.0043（x+1）	
黑色燃料油在－20℃（13）	0.007x	（0.7%）

3）再现性（R），由不同实验室工作的不同操作人员，对名义上相同的测试材料进行测定，最后，该测试方法在正常和正确使用的前提下，得到的两个

单一的、独立的结果之间的差异，超出所显示数值的概率不大于5%。

表2-10中 x 是进行比较的两个检测结果的平均值。

表 2-10 再现性（R）测定结果

基础油在 40℃ 和 100℃（6）	0.0065x	（0.65%）
调配润滑油在 40℃ 和 100℃（7）	0.0076x	（0.76%）
调配润滑油在 150℃（8）	0.018x	（1.8%）
石油腊在 100℃（9）	0.0366x1.2	
残留燃料油在 80℃ 和 100℃（10）	0.04（x+8）	
残留燃料油在 50℃（10）	0.074x	（7.4%）
添加剂在 100℃（11）	0.00862x1.1	
汽油在 40℃（12）	0.0082（x+1）	
黑色燃料油在 -20℃（13）	0.019x	（1.9%）

2.5　测量方法比较

在以上四种测量方法中，按 GB 265—1988 方法采用品氏粘度管和 GB 11137—1989 方法采用逆流粘度管的测量方式对设备的要求都很低，只需要恒温槽、秒表、粘度管等几样设备，由于人眼判断样品的月牙形液面通过刻度线时存在差异，因此，不同操作者得出的测量结果可能会存在差异。同时，这两种测量方法包含了装样（2min）——恒温（20min）——测量（至少20min）——粘度管清洗（5min）——粘度管烘干（30min）等步骤，完整的实验流程需要 1h 以上，测量时间非常长，操作过程也非常麻烦。另外，由于测量过程中需要手工吸样、秒表计时、人工计算结果和手工清洗粘度管，具有操作人员劳动强度大、系统误差大等缺点，没办法实现自动测量粘度值和清洗粘度管。虽然目前已有不少厂家按照 GB 265—1988 方法，采用改进型的乌氏粘度管已能实现自动测量和自动清洗，它采用乌氏玻璃毛细管结合光电检测技术实现自动测量，测量过程包括装样（2min）——恒温（15min）——测量（4 次，5×4 = 20min）——粘度管清洗（5min）——粘度管烘干（7min）等基本步骤，完整的实验流程需要 40min 左右。这种自动运动粘度仪减少了人工干预对实验结果的影响，仪器自动清洗和烘干粘度管，简化了运动粘度测量过程。但由于乌氏粘度管的结构特点导致了自动清洗得不是很干净（几个球泡的内壁容易残留污垢），而且有机热载体使用时间长了颜色变黑并含有少量杂质，实际使用中乌氏粘度仪对这种深色导热油样品的清洗效果不够理想。

能自动测量运动粘度的方法有 ASTM D445 直管法和 ASTM D7279 折管法，其中直管法因为几个球泡的体积相对折管球泡的体积要大很多，因此油液（有机热载体）在粘度管中恒温的时间比折管法要长得多，整个测试时间也就长得多。

几种测试方法的关键指标比较通过表 2-11 所示，就更加直观明了。

表 2-11　几种测试方法的关键指标比较

测试方法关键标准	GB/T265—1988（品氏或乌式法）	GB/T 11137—1989（逆流法）	ASTM D445（直管法）	ASTM D7279（折管法）
恒温时间	≥20min	≥20min	≥15min	≤1min
分析时间	≥20min	≥20min	≥16min	1～5min
分析油品用量	10～12mL	10～12mL	10～12mL	1～3mL
清洗时间	≥5min	≥10min	≥2min	1～3min
清洗剂用量	≥100mL	≥60mL	≥60mL	10～20mL
适用样品	浅色	深色	浅色	深色、浅色
一只粘度计检测跨度	5 倍（200～1000s）			10 倍（30～300s）

从以上对比表可以看出，这四种测试方法中折管法的综合指标性能最高，它是一种能快速测定运动粘度的最佳方法。

第3章
有机热载体运动粘度检测装置

目前，我国完全依据 GB/T 265—1988《石油产品运动粘度测量法和动力粘度计算法》和 GB/T 11137—1989《深色石油产品运动粘度测定法（逆流法）和动力粘度计算法》这两个国标检测运动粘度的装置，只有手工操作的仪器，且仅实现了自动控温；没有实现自动判断流体流经刻度线的时间，也没有实现有机热载体测量后粘度管清洗和干燥的自动化。另外，一次测试流程需要耗时很长，不利于提高检测效率和减轻实验人员劳动强度。

图 3-1 所示为常见的运动粘度测量的玻璃毛细管。经过几种运动粘度的检测方法的对比，我们课题小组选择了一种国内没有被引用但各项性能比较优越的方法，即采用折管式粘度管研制并开发出一种新型的自动折管式快速运动粘度仪（图 3-2）。该粘度仪操作简便、样品量少、测量时间短、清洗简单，轻便小巧，且在湖南省特种设备检验检测研究院和湖南省产商品质量监督检验院等权威检测单位得到试运用并获得用户好评。该粘度仪价格低廉，在市场上具有非常广阔的推广运用前景。

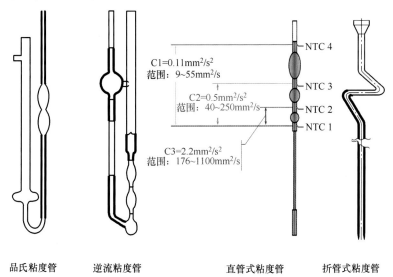

图 3-1　常见的运动粘度测量的玻璃毛细管

3.1 结构

如图 3-2 所示，折管式粘度管由进样口、弯头、横臂、毛细管、检测泡几部分组成。用微量移液器吸取一定量的样品（如 0.45 μL）注入进样口，样品经弯头流入小坡度的横臂，然后进入毛细管。由于毛细管内径小、流速慢，样品与毛细管接触充分，样品很快达到恒温要求。样品到达上检测器时，开始计时，到达下检测器时终止计时，流动时间 t 为样品充满测量球泡的时间。

测量结果依照运动粘度计算式（3-1）用粘度管常数乘以流动时间 t 得到。

$$\nu = Ct \tag{3-1}$$

式中：ν 为运动粘度（mm^2/s）；C 为粘度管常数（mm^2/s^2）；t 为实验中测得的流动时间[2]。

图 3-2　自动折管式运动粘度测定仪

根据泊式公式（又称哈要-泊肃叶，Hagen-Poiseuillen 定律），则

$$\eta = \frac{\pi R^4 p}{8QL} = \frac{\pi R^4 p}{8VL}t \tag{3-2}$$

得到运动粘度计算公式：

$$\nu = \frac{\eta}{\rho} = \frac{\pi R^4 gh}{8QL} = \frac{\pi R^4 gh}{8VL}t \tag{3-3}$$

式中：η 为动力粘度；ν 为运动粘度；R 为毛细管半径；L 为毛细管长度；p 为毛细管两端的压力差；V 为在 t 时间内流经毛细管的流体体积；g 为重力加速度；t 为 V 体积流体的流动时间；Q 为毛细管的流量；h 为液柱高度；ρ 为流体密度。

根据式（3-1）及式（3-3），得

$$C = \frac{\pi R^4 gh}{8VL} \tag{3-4}$$

根据式（3-4）可知：粘度管常数处（取）决于毛细管的内径、长度、重力加速度，液柱高度及流体。体积对于同一根毛细管，半径、长度，流体体积及重力加速度（同一地点）都已经确定，只要液柱高度不变（图 3-3 *EF* 段），那么毛细管的常数是确定的。

折管式粘度管的结构设计如图 3-3 所示。为了保证样品进入横臂后能自由流动，顺畅进入毛细管和清洗时清洗液不滞留在横臂处，常常将横臂设计成有

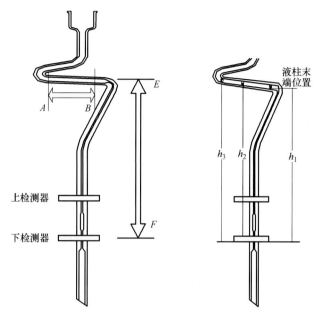

图 3-3 折管式粘度管测量原理示意图

一定的坡度。图中可见 $h_3 > h_2 > h_1$，对应的 C3 > C2 > C1；在计算或者校准粘度管常数时，一般将样品末端控制在横臂中间，对应的常数为 C 取 C2 值。由于只有一个常数，因此当环境或者操作人员改变时会带来相应的测量误差，如样品温度高时，粘度小，加样后移液器吸嘴残留量少，进入粘度管的样品多，则液柱高度高，为 h_3，常数应为 C3；计算时使用的 C 取值是 C2，结果会偏小。反之，当样品温度低，或者样品粘度大时，滞留在微量移液器中的样品多，进入粘度管的样品量少，因此液柱短，测量结果会偏大。导致这类误差的主要原因包括：样品温度、操作人员取样、加样速度及挤压微量移液器的力度、样品粘度、粘度管横臂坡度。

以横臂中点计算液柱高度为 100mm 左右，粘度管设计制造上保证横臂的最左端和最右端高度差在 2mm 以内，加样时保证样品末端处于横臂内，数据的重复性和准确性在理论上是可以保证在 1% 的要求内的。

3.2 原理

仪器采用光电式检测方式（图 3-4），在粘度管检测线的一侧设有红外发光二极管，检测线另一侧安装有光敏三极管。在落样实验开始前（管内没有样品）记录输出电压 U_0，当样品到达检测线时，发射管发出的红外光会发生散射及折射现象，到达接收管的光量会发生变化并导致输出电压发生变化到 U_1，当满足

29

$| U_0 - U_1 | > = U_{th}$ 时，认为样品已经到达检测器处（U_{th} 为阀值电压）。

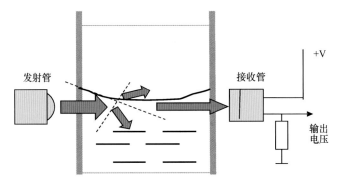

图 3-4   光电式检测示意图

3.2.1   仪器的流体示意图

仪器流体图如图 3-5 所示，为简单起见，图中所示为一支粘度管的流体图。折管式粘度管下端插入密封的落样腔，落样腔侧部上端通过电磁阀 V_1 接大气，下端接废液瓶；废液瓶另一端通过电磁阀 V_0 接真空泵，而真空泵通室外。落样时，电磁阀 V_0 和真空泵都关闭，电磁阀 V_1 打开，则落样腔与大气连通。样品通过微量移液器自粘度管杯口注入后，在重力作用下通过毛细管自由下流；样品到达上检测器时，仪器起动计时器；样品充满测量球泡后到达下检测器时，计时器终止计时并得到流动时间 t。粘度管清洗时，电磁阀 V_1 关闭，电磁阀 V_0 及真空泵开启，清洗液自粘度管上端注入，并在负压作用下冲刷粘度管内壁。样品和清洗液及空气的混合物经落样腔进入废液瓶。由于废液瓶的开口在上方，在重力作用下样品及废液下落入瓶底，气体经真空泵排到室外。仪器采用空气烘干，管路同清洗流程相同，要求清洗溶剂有比较强的挥发性，如 120#溶剂油、石油醚等。

3.2.2   硬件结构

仪器以 CPU 为核心，以 10ms 为中断周期循环采集粘度管 A、B 两支粘度管共四个检测器的光电信号和恒温浴槽温度信号。触摸屏输入和屏幕显示都通过串口实现，存储器用于存储仪器参数及实验结果；报警功能模块用于超温报警和切断加热电源用，并分为软件报警和硬件报警。硬件不同于软件需要依赖于 CPU 的正常运行，一旦温度传感器的输出异常，硬件报警模块可以自动切断加热电源，可防止火灾的发生。外围动作部件主要包括电磁阀、真空泵等，仪器硬件结构框图如图 3-6 所示。

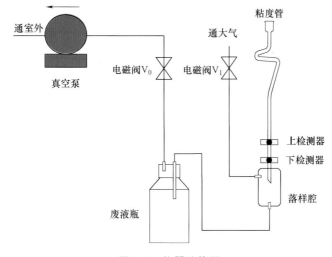

图 3-5 仪器流体图

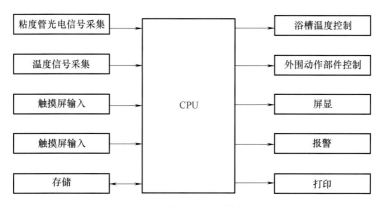

图 3-6 仪器硬件结构框图

3.3 性能

3.3.1 控温精度和计时精度

国产自动运动粘度仪的控温精度一般都达到了 ±0.01℃，计时精度都达到了 0.01s，并通过配置外部冷水循环，温度控制范围达到了 20～100℃。而这几个条件都达到了 JJG 155—1991《工作毛细管粘度计检定规程》中关于校准毛细管粘度计的要求，为在仪器上自校粘度管提供了硬件条件。

3.3.2 准确度

选取不同粘度的标油测定在20℃时粘度与真值对比，选取抗燃油，B相本体残油在40℃时测量值与手动仪器对比，所得数据见表3-1，从表中可以看出两种粘度仪测量的结果符合 GB/T 265—1988 规定的再现性要求。

表 3-1　KV200B 自动运动粘度仪和手动仪器测量结果比较

| 样品名称 | 测量温度/℃ | 测量结果/（mm²/s） | | 平均值 | 差值 | GB/T 265—1988 再现性要求 |
		自动测量	手动测量			
13603	20	10.07	9.9879（真值）		+0.0821	0.22
13605	20	54.37	54.433（真值）		−0.063	1.20
13607	20	168.8	168.22（真值）		+0.58	3.70
本体残油	40	9.92	10.02	9.97	0.1	0.22
抗燃油	40	39.29	39.42	39.36	0.13	0.87

3.3.3　精密度

对透平油、运行油、抗燃油各进行两次测量，每次分别进行两次吸样、落样，得到两个落样时间 t_1、t_2，数据见表3-2。从表可以看出其重复性远远小于 GB 265—1988 所规定的1%的要求。

表 3-2　KV200B 自动运动粘度仪的重复性实验结果

样品名称	t_1/s	t_2/s	t_{avr}/s	运动粘度/（mm²/s）	平均值/（mm²/s）	差值（%）	重复性要求（%）
透平油	292.36	291.58	291.97	45.15	45.08	0.31	1.0
	291.09	291.13	291.11	45.01			
运行油	203.40	202.50	202.95	31.38	31.39	0.06	1.0
	203.52	202.64	203.08	31.40			
抗燃油	254.39	253.75	254.07	39.29	39.261	0.13	1.0
	254.21	253.29	253.75	39.24			

3.4　相关性能试验

3.4.1　样品量对测量结果的重复性影响

利用折管式运动粘度测定仪对同一种液压油进行粘度检测，比较不同样品量对测量结果的影响。采取同一种样品量连续测量两次，样品末端所处位置如图 3-7 所示，测量结果见表 3-3。

表 3-3　样品量对运动粘度测量结果的影响

样品量/μL	250	350	450	550	650	750	850
第 1 次测量 /（mm²/s）	43.39	43.31	43.19	43.04	43.05	42.82	39.85
第 2 次测量 /（mm²/s）	43.45	43.34	43.25	43.15	42.99	42.91	40.27
平均值/（mm²/s）	43.44	43.32	43.22	43.10	43.02	42.86	40.06
可以接受的样品范围/（mm²/s）	43.22±0.43 ［42.79～43.56］						

结合上述图表所示，以 450μL 处为基准，只要样品量处于横臂段，仪器的重复性满足 ±1% 的要求的。

3.4.2　误差及重复性试验结果及分析

采用 GBW13603、GBW13606、GBW13607、GBW13608 的标准粘度液校准折管式粘度仪常数并进行折管式粘度仪准确度和重复性的考察：

室温保证（20±2）℃；恒温槽设置为 20.00℃，精确至 0.01℃。同一样品进行两次或者三次测量，考察其准确性和最大偏差，结果见表 3-4 。

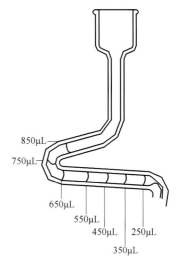

图 3-7　不同样品量对应折管式粘度管位置图

表 3-4　折管式粘度管示值误差及重复性测试结果

折管式粘度管编号	样品名称	标准粘度值/（mm²/s）	测量结果/（mm²/s）				平均流动时间/s	误差	重复性
			1	2	3	平均值			
A	13603	10.512	10.502	10.507	10.502	10.504	21.65	−0.1%	0.0%
B	13603	10.512	10.507	10.507	10.514	10.509	30.95	−0.0%	0.1%
A	13606	97.955	97.70	97.81	97.75	97.75	201.54	−0.3%	0.1%
B	13606	97.955	97.88	97.69	97.91	97.83	288.03	−0.3%	0.2%
A	13607	191.97	191.53	191.98	191.77	191.76	395.29	−0.2%	0.2%
B	13607	191.97	191.72	191.84	191.80	191.78	564.7	−0.0%	0.0%
A	13608	556.03	558.00	558.50	558.30	558.25	1150.8	0.4%	0.1%
B	13608	556.03	556.10	555.60	555.40	555.35	1636.8	−0.1%	0.1%

由表 3-4 可以看出，在 21.65s 到 1636.8s 的流动时间跨度范围内，采用标

准粘度液评价折管式粘度仪的示值误差及重复性测量结果。结果表明：全自动的折管式粘度仪测量标准粘度液的误差在测量范围内不超过 0.4%，测量重复性不超过 0.2%，完全满足 GB/T 265—1988 和 GB/T 11137—1989 的对样品测量重复性的要求。

3.4.3 恒温过程对测量结果的影响

常规的品氏、逆流、乌氏粘度计在测量样品的粘度时，需要将样品置于恒温水浴中恒温 15 ~ 20min 左右，以使样品温度与恒温水浴的温度达到等温和温度均匀稳定。但折管式快速运动粘度仪可以采用样品边流动、边等温的方式，因此测量速度快。在 30 ~ 200s 的流动时间内，样品温度能否达到测量温度要求呢？为了考察这一问题，设计以下实验，并得到实验数据见表 3-5 。

环境温度：24℃；

恒温槽温度：100℃；

实验样品：汽油机油 15W-40，2 份；

某液压油：2 份；

汽油机油：5W-30，2 份。

实验方法：一份样品直接经微量移液器加入进样口进行实验；另一份样品装入小试管放入恒温槽预热 15min，然后用移液器迅速加入进样口进行实验，加样前，用电吹风加温吸嘴，防止吸嘴降低油温。每份样品各进行两次实验，考察预热和不预热的区别。为了使实验效果更加明显，选取了流动时间比标准流动时间 30 ~ 200s 更短的样品。

可以认为，经过预热的样品在流动过程中达到了目标温度（即恒温槽温度）的。如果没有预热的样品温度及没有达到目标温度，那么流动时间会偏长，粘度也会偏大。从表 3-5 可以看出，虽然流动时间只有 6 ~ 14s，但是预热和不预热的结果相差不大，最大的也不超过 +0.77%，特别是流动时间只有 6s 左右的，两种方法、两次实验做出的结果是一模一样的。因此可以认为在室温与目标温度在一定范围内（本次实验为 100℃ – 24℃ = 76℃），折管式快速运动粘度仪采用边流动边恒温的方式下样品迅速达到目标温度是可行的。当室温与目标温度进一步扩大，此种方式是否也可行需要进一步验证。

表 3-5　不同样品温度对结果的影响

油样	不预热		预热		重复性（%）
	流动时间/s	运动粘度/（mm²/s）	流动时间/s	运动粘度/（mm²/s）	
汽油机油 15w-40	13.58	14.66	13.63	14.71	– 0.34
	13.64	14.73	13.65	14.74	– 0.007

油样	不预热		预热		重复性（%）
	流动时间/s	运动粘度/（mm²/s）	流动时间/s	运动粘度/（mm²/s）	
液压油	6.09	6.575	6.09	6.575	0.00
	6.10	6.586	6.10	6.586	0.00
汽油机油	10.38	11.21	10.36	11.18	+0.26
5w-30	10.40	11.23	10.32	11.14	+0.77

3.5 实验室间分析比对报告

2015 年 10 月，湖南省特种设备检验检测研究院实验室与宁波特种设备检验检测研究院、上海久星导热油股份有限公司分别进行了一次运动粘度分析比对活动，具体情况如下。

1）2015 年 10 月 8 号，湖南省特种设备检验检测研究院实验室分析人员用湖南慑力电子有限公司生产的折管式运动粘度仪分别测定了编号为 32、33、34 的三个导热油样品的运动粘度。2015 年 10 月 11 日将相同的三个油样携带至宁波特检院油品化验室，宁波院对这三个油样进行了检测，具体检测结果见表 3-6，两个实验室间三个油品的运动粘度比对结果全部合格。

表 3-6 湖南特检院与宁波特检院运动粘度比对

比对单位	宁波特检院	湖南特检院	再现性
分析人员	林骥华	吴丹红	—
分析设备	KV200B（日本田中）	SL-R265（湖南慑力）	—
粘度计	乌氏粘度计	折管粘度计	—
油品 32	28.33（40℃）	28.02（40℃）	1.1%
油品 33	33.37（40℃）	33.36（40℃）	0.03%
油品 34	31.41（40℃）	31.15（40℃）	0.83%
地方标准再现性要求	2.2%（运动粘度>10）		
比对结果	全部符合要求		

2）2015 年 10 月 20 日，上海久星导热油股份有限公司邮寄一个其公司生产的 S0LOD 1300 低粘度导热油至湖南省特检院，湖南省特检院实验室检测员对其进行了运动粘度分析，具体检测结果见表 3-7，湖南特检院实验室检测的结果与上海久星该导热油型式试验报告（出具单位：中国锅炉水处理协会）中结果比对全部合格。

3）2015 年 11 月～2016 年 1 月，我们分别与湖州特检院、湖南省特检院、中国锅炉水处理协会（北京燕通石油化工有限公司的样品）、湖南省产商品质量监督检验院再次进行了多个样品的比对，多个样品检测值的再现性远远高于现行的国家标准，并且满足了我们制定的地方标准再现性的要求。

表 3-7　湖南特检院与上海久星 S0LOD 1300 型式试验报告运动粘度比对

比 对 单 位	湖南特检院	中国锅炉水处理协会	再现性
分析人员	吴丹红	王方圆	—
分析设备	SL-R265	OSY-105	—
粘度计	折管粘度计	品氏粘度计	—
S0LOD 1300	2.558（40℃）	2.518（40℃）	1.58%
	1.086（100℃）	1.081（100℃）	0.46%
地方标准再现性要求	4.0%（运动粘度＞10）		
比对结果	全部符合要求		

实验证明：折管式快速运动粘度仪测量准确度高，测量重复性好，测量时间短、使用方便，容易清洗，完全满足 GB/T 265—1988 和 GB/T 11137—1989 的对样品测量重复性的要求。与现有的采用乌氏粘度管加工的全自动运动粘度仪比较，体积轻便小巧、价格低廉，具有很广阔的市场前景，特别适合于电厂、钢厂、润滑油生产等小粘度油品的生产、测控。

第4章

有机热载体运动粘度快速测定法（折管法）

本章主要是介绍湖南省地方标准《有机热载体运动粘度快速测定法（折管法）》制定的基本内容，本章将从该标准的检测背景、检测方法、检测步骤及检测数据处理四个方面介绍该标准。

4.1 检测背景

该标准规定了有机热载体运动粘度快速测定法中折管式粘度计的测定方法。该标准适用于透明及不透明有机热载体，也包括其他未使用和在用润滑油。该标准运动粘度测定范围为 0.2～1000mm²/s，温度范围为 20～105℃。

下列标准对于该标准的应用是必不可少的。凡是不注日期的引用标准，其最新版本（包括所有的修改单）适用于该标准。GB/T 265《石油产品运动黏度测定法和动力粘度计算法》；GB/T 11137《深色石油产品运动黏度测定法（逆流法）和动力粘度计算法》；JJG 155《工作毛细管粘度计检定规程》。

运动粘度：液体在重力作用下流动时内摩擦力的量度。在国际单位制（SI）中，运动粘度的单位为 m²/s。通常使用的单位为 mm²/s。

4.2 检测方法

该方法是在某一恒定的温度下，测定一定体积的液体在重力下流过一个标定过的折管粘度计的时间。样品注入装有两个检测器的粘度计中，样品流动过程中达到设定的温度，当样品流至第一个检测器时，仪器开始计时；当样品流至第二个检测器时，仪器自动终止计时。测得的流动时间与粘度计常数乘积为运动粘度。

（1）自动粘度仪

1）仪器软件控制系统：参数设置系统（包括折管式粘度计的常数设置）、控温及温度调整系统、计时系统、数据处理系统、清洗及干燥系统、打印系统。

2）折管式粘度计：①折管式粘度计应符合附录 A（规范性附录）折管式粘

度计技术条件的要求；②折管式粘度计（图4-1），内径（mm）分别为 0.25、0.30、0.40、0.50、1.0、2.0 和 3.0，每支粘度计应按 JJG 155《工作毛细管粘度计检定规程》检定方法进行检定并确定常数；③测定样品的运动粘度时，应根据被测样品的运动粘度和试验的温度选用适当的粘度计，使试样的落样时间处在 30~300s 间为宜。

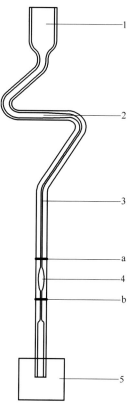

图4-1 折管式粘度计
1—进样杯　2—横臂
3—毛细管　4—液泡
5—负压缓冲装置
a、b—标线

3）恒温槽：带有视窗的恒温槽，其高度不小于250mm，容积不小于 1.5L，并附有自动搅拌装置和能够准确测量与调节温度的控温装置，浴槽内装有恒温介质。

4）温度控制系统：①精密温度计：精度不低于±0.01℃；②温度控制要求：温控范围 20~105℃，温度误差 ±0.01℃，显示精度 0.01℃；③温度控制应与精密温度计作对比，并以精密温度计为标准，调节到目标温度。

5）清洗/真空系统：从进样杯口注入清洗剂，通过真空泵将清洗剂输送至粘度计，清洗样品，排出废液，清洗后通过吸入空气干燥粘度计。

6）计时装置：分辨率不低于 0.01s。

7）微量移液器：容积范围在 200~1000μL 的移液枪。

注：粘度计、温度计、计时器都应进行定期计量检定。

（2）试剂

1）清洗剂：可选用溶剂汽油 120 号（符合 GB 1922 中 120 号溶剂油要求）、石油醚（60~90℃，分析纯）、甲苯（分析纯）、丙酮（分析纯）、铬酸洗液、95% 无水乙醇。

警告：有机清洗剂易挥发、有毒有害。

2）恒温浴液：甲基硅油（25℃时运动粘度不大于 $50mm^2/s$）。

（3）准备工作

1）试样含有水时，在试验前必须经过脱水处理，对于粘度大的样品，可以用布式漏斗，利用水流泵或其他真空泵进行吸滤，也可以在加热至 50~100℃ 的温度下进行脱水过滤。试样中含有机械杂质时，则需用滤纸过滤去除机械杂质。

2）自动运动粘度仪应稳定水平放置，抽、排、真空连接管道应连接完好。

3）按要求安装粘度计，粘度计应处于垂直状态；在测定试样的运动粘度之前，粘度计内部应干净、干燥，若粘度计内有残留样品，必须洗净干燥方可进行实验。如果粘度计有常规洗不净污垢且沾壁较为严重，应注入铬酸洗液浸泡10~30min、再依次注入二级水、95%乙醇、120号溶剂油进行清洗并干燥粘度计。

4）粘度计更换安装：①根据被测样品的预估粘度值选择合适常数的粘度计，控制落样时间在30~300s。②待浴槽温度低于50℃后将浴槽内的恒温浴液通过排油管全部放出。③拆除固定粘度计的所有紧固件。④轻顶粘度计底部，待粘度计与密封件分离后，将粘度计取出。⑤当粘度计与检测器相连接时，应将检测器模块卸下，装到需更换的粘度计上，安装时上、下检测器分别对准粘度计的a、b标线，偏差在1mm内；当检测器固定在粘度仪上，应将选择好的粘度计固定到检测器中，安装要求如前者一致。⑥将粘度计插入浴槽固定位置，紧固所有紧固件，连接信号线，装入恒温浴液。

注：检测器与粘度计的相对位置发生改变时，应用标准粘度液重新标定。

5）恒温槽内恒温液液面应高于粘度计横臂20mm左右。

4.3　检测步骤

1）接通电源，开机，设定并保持自动折管式粘度仪恒温槽至需要的目标温度，温度必须恒定在±0.01℃。

2）样品检测前，用清洗剂清洗粘度计并干燥，待仪器温度稳定，仪器显示"空闲"，点击"测试"键，用微量移液器将摇匀的待测样品注入进样杯（样品进样量见表4-1），开始测量。若落样过程中，粘度计横臂与毛细管喇叭口处出现气泡并保持到计时开始，则试验作废；重新进行清洗后再进样测量。

表4-1　样品进样量

毛细管内径/mm	近似常数/(mm²/s²)	min	max	粘度/(mm²/s)												
				0.75	1.5	4.8	7.5	12	15	30	48	120	300	900	1200	9000
0.25	0.025	0.75	7.5													
0.3	0.05	1.5	15													
0.4	0.16	4.8	48													
0.5	0.4	12	120													
1.0	1.0	30	300													
2.0	4.0	120	1200													
3.0	30	900	9000													
样品指导进样量/μL				400				500		600		700		900		

▨——适用的粘度范围。

注：折管式测量的粘度范围是基于最适用的流动时间：30~300s。

3）自动粘度仪自动测量并记录样品从检测器 a 流至 b 的落样时间，根据式（4-1）计算运动粘度并显示打印检测数据。

4）起动清洗过程：起动清洗过程，真空泵抽吸残留在粘度计内的样品，注入清洗剂（如 120 号溶剂油）清洗粘度计。清洗废液通过真空泵抽至废液瓶。这一过程应重复几次直到粘度计清洗干净（注：同一个浴槽内存在两支或两支以上）。

5）粘度计的温度达到目标温度时，进行下一次测量，记录测量数据，取不少于四次的运动粘度的算术平均值作为试样的平均粘度值。

定期用标准粘度液进行自检定，判断检定结果与标准值是否符合相对扩展不确定度要求。

4.4 检测数据

在温度 t 时，试样的运动粘度 ν_t（mm^2/s）按式（4-1）计算。连续测量四次，计算四次测量数据的算术平均值，测量数据应满足重复性要求。若超出重复性要求，应重新进行测量。

$$\nu_t = C \cdot T \tag{4-1}$$

式中：C 为粘度计常数（mm^2/s^2）；T 为试样从上检测器 a 流至下检测器 b 的时间（s）。

1）重复性：同一操作者，用同一试样，同一仪器连续测定的四次结果与算术平均值之差，不应大于下列数值（表 4-2）。

表 4-2　连续测定的四次结果与算术平均值之差

测定样品的粘度值/（mm^2/s）	重复性（%）
≤10	算术平均值的 1.0
>10	算术平均值的 0.68

2）再现性：不同实验室各自提出的两个结果之差不应大于下列数值（表 4-3）。

表 4-3　不同实验室各自提出的两个结果之差

测定样品的粘度值/（mm^2/s）	再现性（%）
≤10	算术平均值的 4.0
>10	算术平均值的 2.2

取重复测定四次结果的算术平均值，作为试样的运动粘度。取四位有效数字。

4.5 折管式粘度计技术条件

折管式粘度计外形如图 4-2 所示。其技术要求如下。

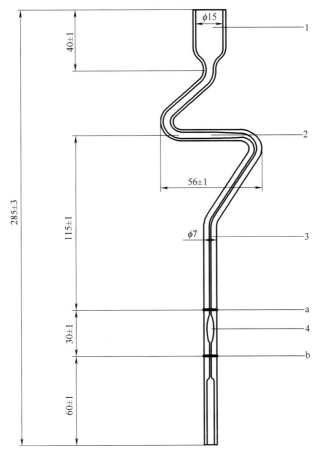

图 4-2 折管式运动粘度计

1—进样杯　2—横臂　3—毛细管　4—液泡　a、b—标线

1）粘度计规格尺寸和形状应符合图 4-2 的规定。

2）粘度计应采用仪器玻璃或高硼玻璃制造，玻璃应光洁透明、无划痕、柳纹和气泡，各连接处要光滑，毛细管两端的连接处应连接成光滑的喇叭形，不允许有凹凸不平现象。

3）环形刻度线 a、b 应清晰地刻在直管轴的平面上与轴心垂直，且不得有断线，其宽度不大于 0.2mm。

4）粘度计毛细管不得有观察出的膨大和不规则现象。

5 ）粘度计下端 $\phi7$ 管轴线与进样杯轴线共线。

6 ）壁厚（除毛细管外）为 1 ~ 1.5mm，退火要求均匀。

7 ）图 4-2 中液泡的扩张部分必须均匀，不得有突然变大现象，且液泡扩张部分必须处于刻度线之间。扩张部分长度不得超过 25mm，内径最大处不超过 3mm。

8 ）折管式粘度计毛细管内径和常数见表 4-4。

表 4-4　折管式粘度计毛细管内径和常数

毛细管内径/mm	粘度计近似常数/（mm²/s²）	运动粘度范围/（mm²/s）
0.25	0.025	0.75 ~ 7.5
0.3	0.05	1.5 ~ 15
0.4	0.16	4.8 ~ 48
0.5	0.4	12 ~ 120
1.0	1.0	30 ~ 300
2.0	4.0	120 ~ 1200
3.0	30	900 ~ 9000

注：适宜流动时间 30 ~ 300s。

对折管式粘度计的检查：

1 ）折管式粘度计在使用之前，应按照上述技术条件的规定进行检查。

2 ）折管式粘度计在出厂之前，应使用标准粘度液对粘度计进行检定，并确定其粘度计常数。

另外，在进样杯杯身上还应注明：①制造厂名称或商标；②毛细管内径；③粘度计编号；④出厂年月。

第 5 章

运动粘度测试报告

5.1 测试背景

过去湖南省的有机热载体锅炉数目较少，所以有机热载体的检测工作开展较晚。随着社会的发展和特种设备安全的需要，尤其是湖南省的烟花行业、食品行业、地板制造行业对有机热载体锅炉的依赖，近年来湖南省的有机热载体锅炉的数量在不断增加。由于长期缺乏监管和宣传，用户对有机热载体及其锅炉都知之甚少，导致大量用户花了高价却买了不合格的有机热载体产品。在这种情况下，有机热载体检测分析工作的重要性凸显出来。通过监管还未使用有机热载体和在用有机热载体的品质，可以防范劣质产品流入湖南省，切断劣质产品的源头。并通过对在用有机热载体进行定期检验，可以行之有效地预防有机热载体锅炉因油品劣化发生泄漏及着火等事故的发生。这是特种设备安全运行的重要保障，也可以让用户尽可能地减少经济损失。

运动粘度作为有机热载体重要检测项目之一，如何快速地检测运动粘度值也成为我们关注的重点。目前关于石油产品运动粘度检测标准有两个，分别是GB/T 265—1988《石油产品运动粘度测定法和动力粘度计算法》和 GB/T 11137—1989《深色石油产品运动粘度测定法（逆流法）和动力粘度计算法》。前者适用于浅色石油产品的检测，后者适用于深色石油产品的检测。如果工作中同时遇到这两种颜色的油品，需要选择不同的粘度计，并且油品用量大、耗时长，效率低、清洗困难、产生的废油多、对环境的污染程度大。从时间上来看，以上两个标准发布时间距离现在已经近三十年，在这三十年里，仪器设备的发展更是发生了前所未有的进步。在 ASTM D7279：2006《Standard Test Method for Kinematic Viscosity of Transparent and Opaque Liquids by Automated Houillon Viscometer》中，提出了一种新的运动粘度计，即折管式粘度计。我们采用了湖南摄力电子有限公司研制的折管式运动粘度测定仪，该仪器解决了油品检测过程中用量大、耗时长、清洗困难等一系列问题，不仅检测时间短、油品用量小、清洗容易，产生的检测废液也很少。而且无论是深色还是浅色的油品，都能够在不需要更换粘度计的情况下进行检测，且准确度精密度高，大大提高了工作效率。具体差异详见表 2-1。

5.2 任务来源

为了响应国家"大众创业 万众创新"号召，积极开发使用更先进更便捷的仪器产品，湖南慑力电子科技有限公司参照 ASTM D7279，研发出一种折管式运动粘度计，这种仪器是目前国内市场上所没有的一款新产品，对我国目前运动粘度的检测标准也是一种突破。由于该方法仅有美国标准，我国现行油品检测方法中尚未采用该方法，也就谈不上将其纳入国标之中。2015 年初，湖南省特种设备检验检测研究院与湖南慑力电子科技有限公司共同向湖南省质量技术监督局提出制定地方标准的要求，2015 年 3 月省质监局批准立项。

主要工作过程如下：

1）2015 年 3 月湖南省特种设备检验检测研究院组织实验室分析人员及湖南省摄力电子有限公司共同成立了标准起草小组，并制订出标准编写方案。

2）2015 年 5 月至 9 月，编制地方标准《有机热载体运动粘度快速测定法（折管法）》，完成征求意见稿。

3）2015 年 9 月征求意见稿完成后，广泛征求意见，分别向有代表性的油品制造单位、检验单位，如上海久星化工有限公司、宁波特检院、湖州特检院、福建泉州特检院、深圳特检院、中国石化润滑油有限公司华南技术支持中心及中国锅炉水处理协会发函征求意见。

4）2015 年 10 至 11 月，根据征求意见稿收集的各方意见，仔细分析，对标准文本进行适当的修改和补充后形成送审稿。

5）2015 年 12 月，由湖南省质监局组织召开湖南省地方标准审定会，对标准进行认真审查。

6）2015 年 12 月至 2016 年 2 月，按照审查意见，对标准进行修改，补充完整相关的分析数据。

7）2016 年 3 月至 4 月，进行地方标准报批等各项工作。

5.3 测试原则和主要内容

（1）编制原则 该测试主要遵循如下原则。

1）科学性原则。依照 GB/T 265—1988《石油产品运动粘度测定法和动力粘度计算法》和 GB/T 11137—1989《深色石油产品运动粘度测定法（逆流法）和动力粘度计算法》为基础，并参照美国标准 ASTM D7279：2006《Standard Test Method for Kinematic Viscosity of Transparent and Opaque Liquids by Automated Houillon Viscometer》，结合大量实验数据，通过对重复性和再现性对不同运动粘度的样品进行检测验证，研究制定标准技术内容，保证标准的科学性。

2）先进性原则。标准中体现的折管法是不同于目前我国国标中品氏法、乌式法和逆流法的一种新的测定方法，该方法可以满足以上三种方法的要求，在选择合适粘度系数的粘度计后，可对透明和不透明的有机热载体及石油产品的运动粘度进行测定，尤其在重油检测方面，更是体现了样品用量少、清洗方便、废液少、检测便捷等优势，保证了标准的先进性。

3）实用性原则。标准起草过程中，充分考虑到了有机热载体样品及石油产品运动粘度检测的实际情况，结合现行的两个国家标准，并吸收了美国标准中的精华，针对不同运动粘度的油品进行了大量的重复性和再现性检测，通过检测来确定了该标准方法的可行性及适用性。相比较两个国标，该标准方法可用折管法进行不同颜色状态不同运动粘度的油品检测，应用面广泛，很好地保证了标准的适用性和实用性。

4）完整性原则。严格按照 GB/T 1.1—2009《标准化工作导则第1部分：标准的结构和编写》的要求和规定编写本测试报告的内容，包括封面、目录、前言和正文，正文的内容包括了范围、规范性引用文件、术语和定义、方法概要、仪器与材料、准备工作、试验步骤、校正、计算及结果处理、精密度和报告等内容，保证了标准编写的完整性。

（2）主要内容

1）技术指标：测定有机热载体的运动粘度 ν_t（mm^2/s）。

2）技术参数：样品流动时间 T（s），粘度计常数 C（mm^2/s^2）；测定温度 t（℃）。

3）技术公式：$\nu_t = C \cdot t$。

4）性能要求：①温度要求：试验过程中，试验温度控制误差 ±0.01℃，仪器显示精度 0.01℃；②重复性要求（表5-1）；③可靠性要求（表5-2）。

表5-1 重复性要求

测定样品的 粘度值/（mm^2/s）	重复性（%）
≤10	算术平均值的 1.0
>10	算术平均值的 0.68

表5-2 可靠性要求

测定样品 的粘度值/（mm^2/s）	再现性（%）
≤10	算术平均值的 4.0
>10	算术平均值的 2.2

试验方法：该测试报告检测有机热载体运动粘度采用的方法为折管法，即采用一种全新的折管粘度计对样品进行检测。该方法采用折管式粘度管结合光电检测技术实现自动测量。折管式粘度管由进样口、弯头、横臂、毛细管、检测泡几部分组成。用微量移液器吸取一定量的样品（0.3~1mL）注入进样口，样品经弯头流入小坡度的横臂，然后进入毛细管。由于毛细管内径小，流速慢，样品与毛细管接触充分，样品很快达到恒温要求。样品到达上检测器时开始计时，到达下检测器时终止计时，流动时间为样品充满测量球泡的时间，用粘度管常数乘以流动时间得到样品的运动粘度。

我们通过将折管法运动粘度仪与国家现行标准中的乌式运动粘度计、品氏运动粘度计进行比对，检测 20 组样品在不同测定方法下的准确性，测试分析数据详见 5.6 中测试报告。由测试报告中的数据可见，无论是重复性还是再现性，折管法都优于现有的国家标准。

5.4 测试依据

参照 ASTM D7279《Standard Test Method for Kinematic Viscosity of Transparent and Opaque Liquids by Automated Houillon Viscometer》、GB/T 265—1988《石油产品运动粘度测定法和动力粘度计算法》、GB/T 11137—1989《深色石油产品运动粘度测定法（逆流法）和动力粘度计算法》。

测试报告是在 ASTM D7279 的参考下，我们研发了折管式运动粘度计，并结合国内的基本情况，只是在方法原理上相同，但是在整个标准的编制、精密度的确定等各方面，与美标的实际内容相似度小。在术语使用和文字编排方面，也是按照我国标准要求进行编写。

5.5 测试实验数据分析

测试报告选取 20 个运动粘度范围在 $2.0 \sim 1000 \mathrm{mm}^2/\mathrm{s}$ 之间的样品，由湖南省摄力电子技术有限公司分别与中国锅炉水处理协会、宁波特检院、湖州特检院、湖南省产商品质量监督检验研究院、中国石化润滑油有限公司华南技术支持中心和湖南省特种设备检验检测研究院进行检测数据比对，由此可见 20 个比对样品检测的重复性和再现性都经得起验证。通过检测和使用表明，自动折管式运动粘度仪测量有机热载体准确度高、测量重复性好、测量时间短、使用方便、容易清洗，测量准确性满足并超过 GB/T 265—1988 和 GB/T 11137—1989 的要求。与传统手动法测量和自动乌氏粘度管测量相比，具有测试速度快、清洗液消耗少、不需要人工接触清洗剂等优势，尤其是检测深色和粘度大的在用有机热载体，更是具有明显的优势。因此，这种仪器非常适合有机热载体运动粘度的检测，无论是从检验技术上、便捷性、环保方面优势显著，具备非常好的应用前景。

测试报告在征求意见的过程中，接受了来自多个行业专家的指导，主要的指导意见为标准的语句描述或者措辞，这些意见大部分在与各位专家讨论后，对于合理的意见都进行了采纳和修改。在关于重复性和再现性的数据验证的资料方面，也根据各位专家的意见，重新做了 20 个样品，并对重复性和再现性进行了分析，且都在标准的规定值以内。对数据验证性内容，我们进一步与湖州特检院、湖南产商品检测院和中国水处理协会等单位进行了多个样品的可靠性检测比对，比对的数据也都是满足标准精密度的要求（表 5-3）。表 5-3 的数据来源于 5.6 的检测报告。

表 5-3 可靠性分析数据汇总

样品名	粘度计常数/(mm²/s²)	进样量/μL	粘度值/(mm²/s)(40℃)				平均值/(mm²/s)	重复性/(%)	比对值/(mm²/s)	可靠性/(%)	比对单位
			V1	V2	V3	V4					
L-QD400	0.05771	400	2.517	2.513	2.513	2.514	2.514	0.16	2.502	0.48	湖南展力/中石化
L-QC310	0.05771	400	3.322	3.319	3.318	3.322	3.316	0.12	3.314	0.060	湖南展力/中石化
201-10	0.2229	400	7.813	7.822	7.804	7.799	7.810	0.26	7.754	0.72	湖南展力/湖南特检
湖州特检12号	0.2229	500	15.03	15.03	15.09	15.07	15.06	0.40	14.98	0.52	湖南特检/湖州特检
Yt-m6L	0.2229	500	15.95	15.89	15.96	15.93	15.93	0.44	16	0.44	湖南展力/中国水协
3号	0.5758	400	21.21	21.19	21.21	21.26	21.22	0.33	21.12	0.45	湖南展力/湖州特检
33号	1.089	400	33.04	33.03	33.05	33.05	33.04	0.060	32.82	0.60	湖南展力/湖州特检
9号	0.3422	400	32.65	32.64	32.64	32.66	32.65	0.060	32.82	0.52	湖南展力/湖州特检
6号	0.5758	400	50.18	50.16	50.18	50.09	50.15	0.18	50.27	0.24	湖南展力/湖州特检
5号	0.5758	450	85.79	85.68	85.67	85.75	85.72	0.14	87.48	2.03	湖南展力/湖州特检
4号	2.409	600	103.49	103.41	103.27	103.39	103.39	0.21	105.15	1.69	湖南展力/湖州特检
80W-90	1.089	600	136.73	136.43	136.38	136.48	136.50	0.26	137.3	0.58	湖南展力/湖州特检
湖州特检13号	2.409	750	216.7	216.8	217.3	216.7	216.9	0.28	221.35	2.03	湖南展力/湖州特检
湖州特检14号	2.409	750	267.7	267.1	268.0	267.7	267.6	0.34	269.79	0.82	湖南展力/湖州特检
8号	2.409	650	353.8	353.6	353.5	353.5	353.6	0.08	357.8	1.18	湖南展力/湖南产检院
1号	9.377	820	950.8	948.2	947.9	948.0	948.7	0.31	953.9	0.55	湖南展力/湖南产检院

5.6 测试报告

折管式粘度计测试数据

测试粘度计：折管式运动粘度计　　测试温度：40℃

测试仪器：湖南攸力电子科技有限公司　　SL-SF01B 自动折管式运动粘度仪

测试时间：2015-10-22

测试地点：湖南攸力电子科技有限公司

测试人员：朱自强

L-QD400、L-QC310样品由中国石化润滑油有限公司华南技术支持中心提供，对方提供样品运动粘度分别为 2.502mm²/s 和 3.316mm²/s

样品名	粘度计常数 (mm²/s²)	进样量 (uL)	落样时间（S）				粘度值(mm²/s)				平均值 (mm²/s)	重复性 (%)
			T1	T2	T3	T4	V1	V2	V3	V4		
L-QD400	0.05771	400	43.61	43.55	43.55	43.56	2.517	2.513	2.513	2.514	2.514	0.16
L-QC310	0.05771	400	57.56	57.51	57.49	57.56	3.322	3.319	3.318	3.322	3.316	0.12
9#	0.3422	400	95.41	95.37	95.38	95.43	32.65	32.64	32.64	32.66	32.65	0.06
3#	0.5758	400	36.83	36.80	36.84	36.92	21.21	21.19	21.21	21.36	21.222	0.33
6#	0.5758	400	87.14	87.11	87.14	87.00	50.18	50.16	50.18	50.09	50.15	0.18
5#	0.5758	450	148.99	148.81	148.78	148.93	85.79	85.68	85.67	85.75	85.72	0.14
4#	2.409	600	42.96	42.93	42.87	42.92	103.49	103.41	103.27	103.39	103.39	0.21
8#	2.409	650	146.90	146.82	146.76	146.75	353.8	353.6	353.5	353.5	353.6	0.08
1#	9.377	820	101.39	101.11	101.08	101.09	950.8	948.2	947.9	948.0	948.7	0.31

折管式粘度计重复性及再现性对比数据

测试样品：（1）201-10甲基硅油、（2）33#硅油、（3）80W-90齿轮油

测试温度：40℃

测试粘度计：折管式运动粘度计

粘度计编号：12#、471#（折管式粘度计）

粘度计常数：$C_{12\#} = 0.2229\,mm^2/s^2$，$C_{471\#} = 1.089\,mm^2/s^2$

测试仪器：湖南摄力电子科技有限公司　SL-SF01B 自动折管式运动粘度仪

测试时间：2015-10-22

测试地点：湖南摄力电子科技有限公司

测试人员：朱自强

样品名	测量方法	粘度计常数 mm²/s²	测量计时(s)				平均时间	重复性%	粘度值 mm²/s
			T_1	T_2	T_3	T_4			
201-10	自动	0.2229	35.05	35.09	35.01	34.99	35.04	0.28	7.810
80W-90	自动	1.089	125.56	125.28	125.25	125.23	125.33	0.26	136.5

49

实验室检测结果验证记录及分析报告表

编号：

验证项目	有机塑制性运动粘度				验证日期	2015.11.2.	
验证方法	☑方法比对	□标准物质比对	☑人员比对	☑设备比对		□留样再检	
标准物质名称	/	型号/参数		/		有效期	/

比对设备编号	名称	型号	不确定度	有效期
XTJ-752-1 SL-R265	石油产品运动粘度仪	SL-R265	/	2016.6.7
			/	
			/	

序号	验证参数	比对设备编号	验证结果				判定
			标准值	实测值	精密度%	比对人员	
1	运动粘度	201-10	7.810	7.754	0.72	吴丹红	☑符合 □不符合
2	运动粘度	80W-90	136.50	137.3	0.58	吴丹红	☑符合 □不符合
							☑符合 □不符合
							☑符合 □不符合

结论	☑可接受 □不可接受

问题及分析（不可接受时）：

记录中的对值详细对了（湖南摄力）的对数据，满足精准再视性要求。

该记录仅用于比对试验情是分析。

评价人：吴丹红 2015年11月5日

纠正措施：

无须做

评价人：吴丹红 2015年11月5日

审核意见：

满足要求

技术负责人：　　　　2015年11月6日

折管式粘度计测试数据

测试粘度计：折管式运动粘度计

测试温度：40℃

测试仪器：湖南灏力电子科技有限公司　　SL-SF01B 自动折管式运动粘度仪

测试时间：2016-01-25

测试地点：湖南灏力电子科技有限公司

测试人员：朱自强

样品名	粘度计常数 (mm²/s²)	进样量 (uL)	落样时间 (S)				粘度值(mm²/s)				重复性 (%)	平均值 (mm²/s)
			T1	T2	T3	T4	V1	V2	V3	V4		
Yt-m6L	0.2229	500	71.56	71.31	71.60	71.47	15.95	15.89	15.96	15.93	0.44	15.93
080-20151208-1 (jy) (14.98)	0.2229	500	67.41	67.43	67.69	67.62	15.03	15.03	15.09	15.07	0.47	15.06
020-20151120-1 (jy) (221.35)	2.409	750	89.97	90.03	90.21	89.99	216.7	216.8	217.3	216.7	0.38	216.9
020-20151220-3 (jy) (269.79)	2.409	750	111.15	110.88	111.26	111.14	267.7	267.1	268.0	267.7	0.34	267.6

2016·1·25

51

久星导热油粘度数据

测试样品：启东久星化工有限公司　　S0LOD1300 导热油

测试温度：40℃、80℃

测试粘度计：折管式运动粘度计

粘度计编号：12#、05#

粘度计常数：$C_{12\#}=0.2229mm^2/s^2$、$C_{05\#}=0.05771mm^2/s^2$

测试仪器：湖南慑力电子科技有限公司　　SL-SF01B 自动折管式运动粘度仪

测试时间：2015-10-23

测试地点：湖南慑力电子科技有限公司

测试人员：朱自强

测试温度 ℃	粘度计	粘度计常数 mm^2/s^2	测量计时(s)						粘度值 mm^2/s	平均值 mm^2/s
			T_1	T_2	T_3	T_4	平均时间	重复性%		
40	12#	0.2229	11.50	11.50	11.50	11.51	11.50	0.08	2.564	2.558
	05#	0.05771	44.20	44.28	44.27	44.04	44.20	0.5	2.550	
80	12#	0.2229	6.16	6.15	6.15	6.12	6.15	0.65	1.371	1.366
	05#	0.05771	23.68	23.53	23.51	23.51	23.56	0.7	1.360	

朱自强 2015.10.23

实验室检测结果验证记录及分析报告

编号：

验证项目	有机热载体运动粘度		验证日期	2015.10.8	
验证方法	☑方法比对　　□标准物质比对　　☑人员比对　　☑设备比对　　□留样再检				
标准物质名称	／	型号/参数	／	有效期	／

比对设备编号	名称	型号	不确定度	有效期
XTJ-752 SL-SF01A	全自动运动粘度测定仪	SL-SF01A	／	2016.6.7
／	／	／	／	
／	／	／	／	

序号	验证参数	比对设备编号	验证结果				判定
			样品 比对 标准值	实测值	精密度%	比对人员	
1	运动粘度	2015-032	28.3(40℃)	28.02(40℃)	0.99	刘欣	☑符合　□不符合
2	运动粘度	2015-033	33.4(40℃)	33.36(40℃)	0.12	刘欣	☑符合　□不符合
3	运动粘度	2015-034	31.4(40℃)	31.15(40℃)	0.80	刘欣	☑符合　□不符合
							□符合　□不符合

结论	☑可接受　　　　□不可接受　　（该记录仅用于比对试验结果记录）

问题及分析（不可接受时）：

记录中比对值详见附3（宁波特检院）比对报告

评价人：刘欣　　2015 年 10 月 10 日

纠正措施：

评价人：刘欣　　2015 年 10 月 10 日

审核意见：

技术负责人：陈　　　　年　　月　　日

53

在用有机热载体委托检验

<table>
<tr><td rowspan="3">使用单位</td><td>单位名称</td><td colspan="2">湖南省特种设备检验检测研究院</td><td>管理部门</td><td>/</td></tr>
<tr><td>设备安装地址</td><td colspan="2">/</td><td>邮　编</td><td>/</td></tr>
<tr><td>联系电话</td><td colspan="2">15200866850</td><td>联系人</td><td>吴丹红</td></tr>
<tr><td rowspan="3">锅炉及系统情况</td><td>锅炉型号</td><td colspan="2">/</td><td>额定热功率</td><td>/　　MW</td></tr>
<tr><td>设备代码</td><td colspan="2">/</td><td>额定压力</td><td>/　　MPa</td></tr>
<tr><td>使用登记证号</td><td colspan="2">/</td><td>传热系统型式</td><td></td></tr>
<tr><td rowspan="6">有机热载体情况</td><td>产品代号</td><td colspan="2"></td><td>使用时间</td><td>/</td></tr>
<tr><td>最高工作温度</td><td colspan="2">/　　　　℃</td><td>系统回流温度</td><td>/　　℃</td></tr>
<tr><td>系统装填量</td><td colspan="2">/　　　　t</td><td rowspan="2">未使用时</td><td>初馏点</td></tr>
<tr><td>生产商</td><td colspan="2">/</td><td>2%馏程</td></tr>
</table>

<table>
<tr><td colspan="2">最高工作温度</td><td>/</td><td>℃</td><td>系统回流温度</td><td>/</td><td>℃</td></tr>
<tr><td colspan="2">系统装填量</td><td>/</td><td>t</td><td rowspan="2">未使用时</td><td>初馏点</td><td>/　　℃</td></tr>
<tr><td colspan="2">生产商</td><td>/</td><td></td><td>2%馏程</td><td>/　　℃</td></tr>
<tr><td colspan="2">是否混用</td><td>/</td><td></td><td colspan="2">取样冷却器</td><td>无</td></tr>
</table>

<table>
<tr><td>检测项目</td><td>样品编号</td><td>检测结果</td><td>检测方法</td></tr>
<tr><td rowspan="3">运动粘度(40℃)
(mm²/s)</td><td>2015-032</td><td>28.3</td><td rowspan="3">GB/T 265-1988</td></tr>
<tr><td>2015-033</td><td>33.4</td></tr>
<tr><td>2015-034</td><td>31.4</td></tr>
<tr><td>检测依据</td><td colspan="3">GB 24747-2009《有机热载体安全技术条件》</td></tr>
<tr><td>检验结论</td><td colspan="3">/</td></tr>
</table>

备注：

　　此表单内容为单项比对试验结果。

| 检测人员 | 林腾华 | 检测时间 | 2015 年 10 月 24 日 |

在用有机热载体委托检验

<table>
<tr><td rowspan="10">使用单位</td><td>单位名称</td><td colspan="2">湖南省特种设备检验检测研究院</td><td colspan="2">管理部门</td><td colspan="2">/</td></tr>
<tr><td>设备安装地址</td><td colspan="2">/</td><td colspan="2">邮编</td><td colspan="2">/</td></tr>
<tr><td>联系电话</td><td colspan="2">/</td><td colspan="2">联系人</td><td colspan="2">吴丹红</td></tr>
<tr><td>锅炉型号</td><td colspan="2">/</td><td colspan="2">额定热功率</td><td colspan="2">/MW</td></tr>
<tr><td>设备代码</td><td colspan="2">/</td><td colspan="2">额定压力</td><td colspan="2">/MPa</td></tr>
<tr><td>使用登记证号</td><td colspan="2">/</td><td colspan="2">传热系统方式</td><td colspan="2">/</td></tr>
<tr><td>产品代号</td><td colspan="2">/</td><td colspan="2">使用时间</td><td colspan="2">/</td></tr>
<tr><td>最高工作温度</td><td>/</td><td>℃</td><td colspan="2">系统回流温度</td><td>/</td><td>℃</td></tr>
<tr><td>系统装填量</td><td>/</td><td>t</td><td rowspan="2">未使用时</td><td>初馏点</td><td>/</td><td>℃</td></tr>
<tr><td>生产商</td><td>/</td><td></td><td>2%馏程</td><td>/</td><td>℃</td></tr>
<tr><td colspan="1">是否混用</td><td colspan="2"></td><td colspan="2">取样冷却器</td><td colspan="2">无</td></tr>
<tr><td colspan="3">检验项目</td><td colspan="2">样品编号</td><td>检测结果</td><td>检测方法</td></tr>
<tr><td colspan="3" rowspan="8">运动黏度（40℃）
(mm²/s)</td><td colspan="2">3#</td><td>21.12</td><td rowspan="8">GB/T
265-1988</td></tr>
<tr><td colspan="2">9#</td><td>32.82</td></tr>
<tr><td colspan="2">6#</td><td>50.27</td></tr>
<tr><td colspan="2">5#</td><td>87.48</td></tr>
<tr><td colspan="2">4#</td><td>105.15</td></tr>
<tr><td colspan="2">080-20151208-1(jy)</td><td>14.98</td></tr>
<tr><td colspan="2">020-20151120-1(jy)</td><td>221.35</td></tr>
<tr><td colspan="2">020-20151120-3(jy)</td><td>269.79</td></tr>
<tr><td colspan="3">检测依据</td><td colspan="4">GB 24747-2009《有机热载体安全技术条件》</td></tr>
<tr><td colspan="3">检验结论</td><td colspan="4">/</td></tr>
<tr><td colspan="7">备注：
此表单内容为单项比对试验结果</td></tr>
<tr><td colspan="3">检验人员　沈泉</td><td colspan="4">检测时间　2016年1月18日</td></tr>
</table>

中国特种设备检测研究院
(国家锅炉水处理与有机热载体质量监督检验中心)

QR-3-C83-02

样品编号： 2015-XAT30-066
报告编号： 15FF067-XQ03

有机热载体
产品型式试验报告

最高允许使用温度：   330 ℃

产 品 标 记：   L-QD330 GB23971

商 品 名 称：   YT-m6L

申 请 单 位：   北京燕通石油化工有限公司

生 产 单 位：   北京燕通石油化工有限公司

中国特种设备检测研究院

2015年12月7日

56

中国特种设备检测研究院
(国家锅炉水处理与有机热载体质量监督检验中心)

QR-3-C83-02

项　目		标准规定	检验结果	试验方法
密度(20℃)/kg/m³		报告	1043	SH/T 0604-2000
灰分（质量分数）/%		报告	小于0.002	GB/T 508-1985
馏程	初馏点/℃	报告	365	SH/T 0558-1993
	2%/℃	报告	371	GB/T 6536-2010
残炭（质量分数）/%		不大于0.05	0.01	GB/T 17144-1997
运动粘度，mm²/s	0℃	报告	258	GB/T 265-1988
	40℃	不大于40	16	
	100℃	报告	3	
热稳定性	试验温度/℃	330	330	GB/T 23800-2009
	试验时间/ h	1000	1000	
	外　观	透明、无悬浮物和沉淀	浅黄色透明	
	变质率/%	不大于10	5.2	
检测结论		经检测该产品质量指标符合GB23971-2009《有机热载体》L-QD330类产品的质量指标要求。该产品仅限闭式系统使用。		
最高允许使用温度		330 ℃		
产品标记		L-QD330 GB23971		
备注		1)经热稳定性试验（GB/T 23800）测定，被测有机热载体变质率本大于10%的试验温度。		
试验人员		夏关骄　王方圆　瓦德欣　　　张睿		

2013年09月版

57

湘检 B2016-W00736

检 验 报 告

样 品 名 称　导热油(8#)

型 号 规 格　/

检 验 类 别　委托检验

生 产 单 位　/

委 托 单 位　湖南省特种设备检验检测研究院

检验单位：湖南省产商品质量监督检验研究院

监制单位：湖南省质量技术监督局

58

湖南省产商品质量监督检验研究院

导热油(8#)检验报告

序号	检验项目	单位	标准要求	检验结果	单项结论
1	运动黏度（40℃）	mm²/s	/	357.8	/

(以下空白)

检 验 报 告

样 品 名 称　导热油(1#)

型 号 规 格　／

检 验 类 别　委托检验

生 产 单 位　／

委 托 单 位　湖南省特种设备检验检测研究院

检验单位:湖南省产商品质量监督检验研究院

监制单位:湖 南 省 质 量 技 术 监 督 局

湖南省产商品质量监督检验研究院

导热油(1#)检验报告

湘检：B2016-W00734

序号	检 验 项 目	单位	标准要求	检验结果	单项结论
1	运动黏度（40℃）	mm²/s	/	953.9	/

（以下空白）

参 考 文 献

[1] 刘丽红，傅劲清，殷先华，等．长沙望城菱格木业有机热载体炉管子积炭泄漏事故报告［R］．湘特鉴［2009］第5号事故鉴定报告，2009.

[2] 吴旭正，王桂晶．特种设备典型事故案例集［M］．北京：航空工业出版社，2005.

[3] 国家质量监督检验检疫总局质检总局．召开新闻发布会通报2012年特种设备事故总体情况［EB/OL］．2013-1-30http：//www. sh- ea. net. cn/cn/Education/New. aspxid=14176.

[4] 国家质量监督检验检疫总局质检总局．质检总局通报2011年特种设备事故情况等6方面情况［EB/OL］．2012-01-16http：//www. gov. cn/xwfb/2012-01-16/content_2045834. htm.

[5] 朱宇龙，赵辉，青俊．基于结焦机理的有机热载体炉炉管在线寿命评估系统研究［J］．工业锅炉，2010（5）：17-20.

[6] 覃金珠．有机热载体加热系统优化设计研究［D］．长沙：湖南工业大学，2010.

[7] 山东导热油工程技术研究中心．导热油应用技术基础知识［M］．天津：天津科学技术出版社，2012.

[8] 江南．导热油锅炉火灾及预防［J］．火灾，2001（7）：16.

[9] 吴涓．有机热载体锅炉系统故障分析及改进措施［J］．工业锅炉，2002，74（4）：45-46.

[10] 胡洪，余笑枫．有机热载体炉辐射管泄漏原因分析及预防措施［J］．工业锅炉，2005（4）：54-57.

[11] 史文彬．有机热载体炉安装使用应注意的问题［J］．工业锅炉，2005（6）：53-56.

[12] 张煜民．有机热载体炉膨胀槽超温现象的分析［J］．工业锅炉，2005（3）：46-47.

[13] 李君平，刘振南，马言，等．有机热载体炉常见事故产生的原因及对策［J］．装备制造技术，2006（3）：90-91.

[14] 张海田．一起有机热载体炉爆管事故的原因分析［J］．工业锅炉，2007（3）：56-58.

[15] 常静，李建业，张葵东．一起有机热载体炉爆管事故浅析［J］．工业锅炉，2007（1）60-61.

[16] 张丽芬．有机热载体炉存在的问题及安全控制措施［J］．中小企业管理与科技．2008（11）：216-217.

[17] 闫怀林，郭兴平．一起有机热载体炉着火事故分析与对策［J］．工业锅炉，2008（1）：51-54.

[18] 刘景新，赵斌，赵静．影响有机热载体炉安全性的因素分析［J］．工业炉，2009（3）：25-27.

［19］俞杨．两起有机热载体炉喷油火灾事故的分析［J］．江苏安全生产，2009（12）：37-38.

［20］邓广新．有机热载体锅炉受热面管过热变形分析［J］．沿海企业与科技，2009（10）：31-32.

［21］丁宏辉，聂敬鹏，宝山．有机热载体炉的危险因素分析及对策［J］．内蒙古民族大学学报，2010（9）：61-62.

［22］宋杰书．一起有机热载体炉导热油喷出事故分析［J］．皮革科学与工程，2010（2）：73-74.

［23］张友健．液相有机热载体锅炉运行中的常见问题［J］．中国高新技术企业，2010（21）：71-72.

［24］王春敏．有机热载体炉检验中容易忽视的问题分析［J］．科技信息，2012（12）：364.

［25］李峰，杨道明．有机热载体加热炉结焦问题的原因分析与控制［J］．广东化纤，2001（2）：52-56.

［26］赵钦新．有机热载体炉技术及其进展［J］．工业锅炉，2004（1）：24-30.

［27］牛卫飞，王泽军，黄长河．有机热载体炉盘管声发射检测技术［J］．无损检测，2007，31（1）：17-20.

［28］顾炜莉，王汉青，寇广孝．雷诺数法防止盘管式有机热载体炉有机热载体过热的理论分析［J］．节能，2007，302（9）：10-12.

［29］中国石油化工股份有限公司．石油和石油产品实验方法国家标准汇编（上）/GB/T 265—1988 石油产品运动粘度测定法和动力粘度计算法［S］．北京：中国标准出版社，2010.

［30］中国石油化工总公司高桥石油化工公司．GB/T 265—1988 石油产品运动粘度测定法和动力粘度计算法［S］．北京：中国标准出版社，1989.

［31］凌文，杨素敏，王桂英．大型自动粘度测定仪在石油产品运动粘度测定中的应用［J］．分析仪器，2005（4）：51.

［32］陈惠钊．粘度测量［M］．北京：中国计量出版社，2003.

［33］Gao Hui-dong, Joseph L, Rose J L. Ice detection and classification on an aircraft wing with ultrasonic shear horizontal guided waves［J］. Transactions on Ultrasonics, Ferroelectrics, and Frequency Control, 2009, 56（2）：334-344.

［34］Ma J. Scattering of the fundamental torsional mode by an axisymmetric layer inside a pipe［J］. Journal of the Acoustical Society of America, 2006, 120（4）：1871-1880.

［35］Ma J, Simon F, Lowe M. Practical considerations of sludge and blockage detection inside pipes using guided ultrasonic waves［J］. Review of Progress in Quantitative Nondestructive Evaluate, 2011, 26：136-143.

［36］Barshinger J, Rose J L. Guided wave propagation in an elastic hollow cylinder coated with a viscoelastic material［J］. Transactions on Ultrasonic, Ferroelectrics, and Frequency Control, 2004, 51（11）：1547-1556.

［37］中国石油化工股份有限公司石油化科学研究院，等．GB/T 23971—2009 有机热载体

［S］．北京：中国标准出版社，2009．

［38］中国特种设备检测研究院．TSG G0001—2012 TSG 特种设备安全技术规范：锅炉安全技术监察规程［S］．北京：中国标准出版社，2013．

［39］中国锅炉水处理协会，等．GB/T 24747—2009 有机热载体安全技术条件［S］．北京：中国标准出版社，2010．

［40］卜一平．使用过程中合成导热油的品质变化状况测定和评价研究［D］．苏州：苏州大学，2005．

［41］常州能源设备总厂有限公司，等．GB/T 17410—2008 有机热载体炉［S］．北京：中国标准出版社，2008

［42］赵欣刚，齐鹿扬．有机热载体炉［M］．北京：中国计量出版社，2008．

［43］车德福，庄正宁，李军，等．锅炉［M］．西安：西安交通大学出版社，2008．

［44］鲍求培．导热油应用手册［M］．上海：华东理工大学出版社，2008．

［45］林欧．基质沥青快速升温设备的研究［D］．西安：长安大学，2011．

［46］沈燕．浅析控制导热油品质对导热油锅炉安全运行的重要性［J］．化学工程与装备，2009（9）：114-117．

［47］王骄凌，司荣．有机热载体技术进展综述［C］//中国锅炉水处理协会．第三次全国锅炉水（介）质处理学术交流会项目汇编．2013：1-26．

［48］薛寒．简析工业有机热载体炉常见故障与防范措施［J］．中国科技信息，2011（11）：140-141．

［49］马霞．控制有机热载体品质对有机热载体锅炉安全运行的重要性探讨［J］．科技致富向导，2013（3）：160-161．

［50］ASTM D445—15a Standard Test Method for Kinematic Viscosity of Transparent and Opaque Liquids by Automated Houillon Viscometer［S］．West Conshohocken，PA，USA：ASTM．International，2015．

第6章

有机热载体相关学术论文

为了深入的研究有机热载体介质属性、积炭机理及检测原理等，项目组成员发表了4篇EI学术论文，2篇CSCD学术论文、4篇中文核心学术论文。详细情况见表6-1。

表6-1 有机热载体相关学术论文

序号	论文题目	期刊名称	发表年份	作者	检索类别	检索因子
1	有机热载体炉运行风险评价方法研究	系统工程理论与实践，2015（2）：537-544	2015	彭小兰，吴超，殷先华	EI检索	复合IF1.846 综合IF0.891
2	有机热载体炉积炭层中超声导波的检测试验研究	中南大学学报·自然科学版，2014，45（6）2105-2111	2014	彭小兰，吴超，殷先华	EI检索	复合IF1.155 综合IF0.747
3	有机热载体炉积炭导波检测模态研究	振动与冲击，2014（3）：105-109.	2014	彭小兰，吴超	EI检索	复合IF0.907 综合IF0.505
4	Research on the simulation of the flow field of organic heat carrier furnace based on FLUENT	ICFEEE 2014, 2015（2）：87-90	2015	PENG Xiao-lan，YIN Xian-hua	EI检索	
5	有机热载体炉事故与积炭检测技术发展	工业锅炉，2013（4）：6-10.	2015	彭小兰，殷先华	中文核心	
6	基于超声导波的有机热载体炉积炭检测技术	中国安全科学学报，2013（6）：74-79	2013	彭小兰，吴超	CSCD检索	
7	突变级数法在电站燃煤锅炉结渣预测中的应用	中国安全生产技术，2014，10（8）：45-51.	2014	陈红江，彭小兰	CSCD检索	
8	有机热载体锅炉安全法规、标准体系优化完善探讨	工业锅炉，2015（4）：46-49	2015	彭小兰，殷先华	中文核心	

序号	论文题目	期刊名称	发表年份	作者	检索类别	检索因子
9	基于鱼刺图法的有机热载体炉安全评价	吉首大学学报，2014（3）：88-92	2014	陈红江，彭小兰	中文核心	
10	有机热载体炉积炭形成原因研究	工业锅炉，2015（6）：42-45.	2015	殷先华，彭小兰，吴丹红	中文核心	

6.1 有机热载体炉运行风险评价方法研究[一]

1. 概述

该文运用人-机-环境系统工程原理，对有机热载体炉运行风险的人机环境系统进行综合评估。根据专家法确定指标层的值，在熵度法计算指标层权重、层次分析法和专家法计算准则层权重的基础上，评估指标层风险、各子系统风险和人机环境系统的综合风险，通过一致性检验表明该模型是合理可行的。将该模型应用到某台有机热载体炉运行风险评价中，得出目前有机热载体炉实际运行中人机环境指标的权重分别为：1.830、1.293、1.749，比较得出人和环境这两个指标比有机热载体炉设备本体的权重大 0.5 左右。这表明有机热载体炉运行风险需要更多关注人员素质和环境管理，最后对风险评估值中较大的指标层提出了具体的改进措施。该评价方法对有机热载体炉定期检测有一定的指导意义。

人机环境系统在采矿、航天等领域得到了广泛应用[1-4]，但是，在有机热载体[5]（俗称导热油、热媒、有机传热介质、热传导液）炉领域却鲜见报道。文献[6]基于设备故障分析的导热油泵房火灾事故树研究首次对导热油炉泵房设备故障率进行了安全评价，但仍局限于设备，未对人员和环境这两个重要因素进行阐述。《锅炉安全技术监察规程》[7]内容虽然涵盖有机热载体炉承压本体、自动控制系统、司炉工和管理制度，但实际检验中仍主要偏重有机热载体炉承压本体，对人和环境这两个要素只进行了简单说明，而大量有机热载体炉事故证明[8,9]：有机热载体炉火灾事故绝大部分都是因为人员和管理的疏忽造成的。

─────────────
　　○ 资助项目：质检公益性行业科研专项。

该文主要从人-机-环境系统对有机热载体炉运行风险进行研究，建立相应的评价指标体系，通过采用熵权技术确定各评价指标权重，并结合专家法和层次分析法，定量求出人机环境这三个要素在实际有机热载体炉运行中的风险比重，从而实现对有机热载体炉运行风险的客观评价。

2. 论文内容（摘录）

有机热载体炉运行风险评价方法研究

彭小兰　吴　超　殷先华

1　有机热载体炉系统运行风险评价流程

在有机热载体炉运行的人-机-环境系统中[4,10]，人是机的操作者，是系统的主体；而人本身是一个有意识活动极其复杂、开放的巨系统，随时随地要与外界进行物质交换、能量交换和信息交换；机是指有机热载体炉承压本体设备、密封系统等凡和有机热载体炉运行活动有关的机械和物质；环境是人机所处的周围条件，包括操作空间、操作环境、辅机系统环境、介质环境等硬环境和管理背景等软环境。

评价流程（图1）具体是先根据专家的职称、学术背景等方面，在一定程度上定量化专家自身的权重，然后，对评价系统的底层单因素指标进行专家打分法风险评估，根据专家的权重则可确定单个底层指标的风险值；其次，基于熵度原理确定底层指标的权重，进一步可以得到相应上一层指标风险的综合评估值，而在其余各层中利用AHP即层次分析法确定指标权重，从而可由底层到顶层一步一步推求有机热载体炉运行人-机-环境系统综合风险值。

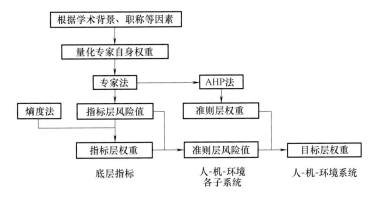

图 1　有机热载体炉系统评价流程

2 风险评估方法及标准

有机热载体炉运行风险评价是一个动态过程，在不同情况下，影响运行安全的因素会随之变化，选取风险评估方法时要注意其操作过程的开放性、动态性[7-10]。有机热载体炉运行是司炉工在操作，而隧道施工是工人在作业，两者都是人员动态的操作过程，具有一定的相似性，因此，风险评估采用专家打分法并参照《铁路隧道风险评估与管理暂行规定》中的风险等级标准，分为四级：1为低度风险，2为中度风险，3为高度风险，4为极高风险。采用ALARP风险接受准则，即低度风险可忽略，中度风险可接受，高度风险不期望，极高不可接受。

3 有机热载体炉风险人-机-环境评价指标体系

评价指标体系的选择和确定是评价研究内容的基础和关键，不但要遵循科学性、可行性和可比性原则，而且要具有动态性原则。根据相关文献和对有机热载体炉运行的安全风险状况调查、分析的基础上[2,3]，建立有机热载体炉运行风险的评价指标体系（表1）。若在实际运行时发现情况发生变化或应用到别的具体工程中，可以对该指标体系的底层评价指标进行增加或减少，从而可实现开放式指标评价体系的建立，方便其推广应用。

表1 有机热载体炉运行评价指标体系

目标层	准则层	指标层	二级指标层或指标说明
人机环境系统整体风险	人 c_1	是否持司炉工证 c_{11}	
		敬业精神 c_{12}	
		心理素质 c_{13}	
		技术素质（操作有机热载体炉年限）c_{14}	
	有机热载体炉 c_2	承压本体完好情况 c_{21}	包括内部检验发现的过热、变形、泄漏、磨损、积炭
		自动控制系统的完好 c_{22}	包括：超温报警及联锁、爆破片、压力表、流量控制、燃烧自动调节、液面计、温度计、超压报警及联锁、点火程序控制、低液位报警及联锁
		结构设计、制造、安装质量 c_{23}	
		安全附件校验完好 c_{24}	
		系统密封情况 c_{25}	包括法兰、垫片、阀门等密封情况
	环境 c_3	操作环境 c_{31}	自动控制系统的人机界面操作的便捷性 c_{311}
			温度湿度 c_{312}

目标层	准则层	指标层	二级指标层或指标说明
人机环境系统整体风险	环境 c_3	操作环境 c_{31}	安全标志 c_{313}
			安全附件的识别性 c_{314}
			噪声、振动、粉尘等的影响 c_{315}
		有机热载体炉辅机系统 c_{32}	循环泵 c_{321}
			燃烧设备 c_{322}
			高低位槽 c_{323}
			油气分离器 c_{324}
		锅炉介质运行环境 c_{33}	酸值、运动黏度、残碳 c_{331}
			外观 c_{332}
			闪点水分5%低沸物 c_{333}
		锅炉房及系统空间布置的合理性 c_{34}	有机热载体炉系统空间布置的合理性和高低位槽布置的规范性
		管理环境 c_{35}	安全教育与培训 c_{351}
			规章制度与人员管理 c_{352}
			技术交底情况 c_{353}
			应急预案情况 c_{354}
			锅炉年度检验整改情况 c_{355}

4 有机热载体炉运行风险人-机-环境系统评价实例

4.1 依托工程概况

有机热载体炉运行风险实例以长沙市市政维护油料场的一台有机热载体炉为例。有机热载体炉炉型为 YY（Q）W-600YQ，主要用于生产沥青，制造日期为 2005 年 5 月 1 日，投用日期为 2007 年 8 月 1 日，额定工作压力为 0.8MPa，实际使用压力为 0.4MPa，整个有机热载体炉系统布置图如图 2 所示，采用注入式开式系统。

4.2 专家权重的确定

通常有关专家做出评价时，大多是假定专家的权重一样，然而，由于学术背景、职称和从事专业时间的长短等不同，专家的权重和经验也不尽一样。专家自身的权重宜按照其职称、从事有机热载体炉检测工作时间、对有机热载体炉运行风险相关理论的掌握及对本台有机热载体炉运行的了解程度而综合确定[15]，见表 2。

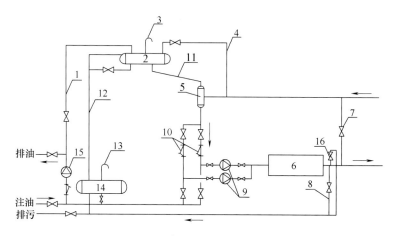

图 2　有机热载体炉系统

1—补油管　2—膨胀管　3—大气管　4—排气管　5—油气分离器
6—热载体炉　7—旁路阀　8—冷油置换管　9—循环泵　10—过滤器
11—膨胀管　12—溢流管　13—大气管　14—储油槽　15—注油泵　16—安全阀

表 2　有机热载体炉专家权重体系

职称	分值	相对权值	从事有机热载体炉检测工作时间	分值	相对权值	有机热载体炉运行风险理论了解程度	分值	相对权值	本有机热载体炉运行风险理论了解程度	分值	相对权值
教授级高工	10	0.36	>20	10	0.36	非常熟悉	10	0.36	非常熟悉	10	0.36
高工	8	0.29	10~20	8	0.29	熟悉	8	0.29	熟悉	8	0.29
中级职称	6	0.21	5~10	6	0.21	比较了解	6	0.21	比较了解	6	0.21
初级职称	3	0.11	3~5	4	0.14	了解一般	4	0.14	了解一般	4	0.14
司炉工	1	0.04	<3								

　　对于职称栏，考虑了评职称的难易及一般需要的时间（如硕士研究生毕业 2~3 年后评讲师，讲师 3~4 年后评副教授，副教授 5 年后评教授），用数字 1、3、6、8 和 10 表示，然后进行归一化处理，则得相应的权重；对于其他项也是根据同样道理推出。由于职称、从事有机热载体炉运行工程时间等几个指标的重要程度相近，可认为各指标权重一样，把各位专家对应的相应分指标权重相加，最后再进行归一化处理，则可得各专家的权重。邀请 5 位有机热载体炉检

测方面专家，专家权重是根据每位专家实际情况求和，然后再归一化处理，结果见表3。

表3　有机热载体炉专家实际权重

专家	职称	从事有机热载体炉检测工作时间	有机热载体炉运行风险理论了解程度	本有机热载体炉运行风险理论了解程度	累计权重	归一化权重
1	教授（0.36）	24（0.36）	非常熟悉（0.36）	非常熟悉（0.36）	1.44	0.217
2	教授（0.36）	17（0.29）	非常熟悉（0.36）	非常熟悉（0.36）	1.37	0.206
3	教授（0.36）	15（0.29）	熟悉（0.29）	熟悉（0.29）	1.23	0.185
4	教授级高工（0.36）	13（0.29）	非常熟悉（0.36）	非常熟悉（0.36）	1.37	0.206
5	高工（0.29）	11（0.29）	熟悉（0.29）	非常熟悉（0.36）	1.23	0.186

注：括号中数据为权重。

4.3　底层指标风险评估

对于人子系统指标层中各评价指标的风险评估值由5位专家进行打分确定，其中 V_{1ij} 表示第 j 个专家对第 i 个指标所确定的风险值。

$$V_1 = \begin{bmatrix} 2 & 2 & 2 & 1 & 1 \\ 3 & 2 & 3 & 2 & 2 \\ 1 & 2 & 1 & 1 & 1 \\ 3 & 3 & 2 & 2 & 2 \end{bmatrix}$$

所以，人子系统中各指标层的评价指标风险值：

$$R_1 = V'_1 \begin{bmatrix} 1 \\ 2 \\ 3 \\ 4 \end{bmatrix} = \begin{bmatrix} 1.608 \\ 2.402 \\ 1.206 \\ 2.423 \end{bmatrix}$$

同理，机子系统中各指标层的评价指标风险值由专家打分法可得

$$R_2 = = \begin{bmatrix} 1.608 \\ 1.185 \\ 1.206 \\ 1.206 \\ 1.794 \end{bmatrix}$$

环境子系统中各指标层的评价指标风险值如下。

对于操作子环境：

$$R_{31} = \begin{bmatrix} 2.402 \\ 1.206 \\ 1.185 \\ 1.217 \\ 1.794 \end{bmatrix}$$

对于辅机系统环境：

$$R_{32} = \begin{bmatrix} 2.402 \\ 1.206 \\ 1.185 \\ 1.217 \end{bmatrix}$$

对于有机热载体炉运行介质子环境：

$$R_{33} = \begin{bmatrix} 2.815 \\ 1.814 \\ 1.391 \end{bmatrix}$$

对于锅炉房及系统空间布置子环境：$R_{34} = [2.794]$

对于管理子环境：

$$R_{35} = \begin{bmatrix} 1.608 \\ 1.206 \\ 1.206 \\ 1.185 \\ 1.185 \end{bmatrix}$$

4.4 熵度法确定底层指标的权重

权重表示在评价过程中，是被评价对象的不同侧面重要程度的定量分配，对各评价因子在总体评价中的作用进行区别对待。某一指标的权重是指该指标在整体评价中的相对重要程度。目前确定权重系数的方法有很多种[9]，根据样本数据的有无，可将计算方法分为定量和定性两大类，其中，定量法有熵值法、灰色关联度法、人工神经网络定权法、因子分析法、回归分析法和路径分析法等，定性法有德尔菲法、层次分析法、模糊聚类法和比重法等。由于不同方法有各自的适用范围和相对的优缺点，因此在实际运用中，运用单一方法得到的结论可信度或多或少存在一定的偏差。为了提高评价结果的精度和可信度，采用熵权来反映各底层指标的权重。

熵（Entropy）代表着关于"不确定性"的一种度量，是由 Shannon 最早提出的，随后 Jaynes 提出了描述这种不确定性的数学方法即极大熵原理。在此之后，熵和极大熵原理日趋广泛地被应用于信息处理问题之中[14-16]。

对于人子系统，计算各底指标熵得 $e_{ij} = [0.741\ \ 0.679\ \ 0.394\ \ 0.574]$；计算各底层指标熵权得 $w_{1i} = [0.161\ \ 0.199\ \ 0.376\ \ 0.264]$。

由计算结果可以看出：指标熵越大，则指标的熵权越小，意味着专家对该指标的把握性越小，不确定性越大。由此，可以确定熵权并不是评价指标实际意义上的重要系数，而是专家对各评价指标提供信息多寡，竞争意识上的相对激烈程度，其与专家对指标的掌握程度有很大的关系。

同理，根据熵权法可以确定机子系统中的各评价指标层的权重为

$w_{2i} = [0.126\ \ 0.216\ \ 0.294\ \ 0.294\ \ 0.070]$

环境子系统中指标层的指标权重为

对于操作环境：$w_{31i} = [0.085\ \ 0.263\ \ 0.084\ \ 0.211\ \ 0.357]$

对于辅机系统环境：$w_{32i} = [0.157\ \ 0.297\ \ 0.219\ \ 0.327\ \ \ \ \ \ \ ]$

对于有机热载体炉介质运行环境：$w_{33i} = [0.225\ \ 0.221\ \ 0.555\ \ \ \ \ \ \ ]$

对于管理环境：$w_{35i} = [0.110\ \ 0.256\ \ 0.256\ \ 0.189\ \ 0.189]$

4.5　AHP 确定其余层指标的权重

4.5.1　构造判断矩阵

层次分析法（AHP）要求计算出同一层相互联系的评价指标的相对重要性，并予以量化。当上一个层评价指标与下层多个评价指标有联系时，一般难以判断其间的相对重要程度，但若每次取两个评价指标来比较，就较容易定出哪个重要哪个次要[3]。

层次分析法确定权重的关键是进行评价指标的两两比较评分。比较评分可用 Satty 提出的 1~9 标度法，其认为人们在估计成对事物的差别时，可用五种判断等级进行描述，如表 4 所示。判断矩阵中的数值可以根据资料、专家评价及其对本问题的了解状况等加以综合平衡后给出。

表 4　指标比较的分值（1~9 比例标度法）

分值 f	定义：因素 i、j 相比较的重要程度等级
1	指标 i 与指标 j 具有"同样重要性"
3	i 比 j "稍微重要"
5	i 比 j "明显重要"
7	i 比 j "强烈重要"
9	i 比 j "极端重要"
2, 4, 6, 8	i 比 j 的重要度介于各等级之间

4.5.2　根据判断矩阵求解指标权重

经比较可得若干两两判断矩阵，然后求解该判断矩阵的最大特征值，把其对应的特征向量进行归一化处理，即各因素的权重。一般有直接求解法（可利用 Matlab 数值计算软件直接求解矩阵的特征值）和近似求解的方法如乘幂法、方根法、和积法等[7]，本研究采用直接求解指标权重。

4.5.3 判断矩阵的一致性检验

因为有机热载体炉运行人机环境体系的复杂性及人们认知的片面性，在各影响因素重要性的判断上及相应所构造的判断矩阵不一定适当。而判断适当的标准就是要进行一致性检验[6]，如下式所示：$C.R. = C.I./R.I.$ 其中 $C.I$ $(\lambda_{max} - n)/(n-1)$。

一般情况下，若 $C.R. \leq 0.10$，就认为判断矩阵具有一致性。据此而计算的值是可以接受的。

随着 n 的增加，判断误差就会增加，因此判断一致性时应考虑到 n 的影响，使用随机性一致性比值，其中 $R.I.$ 为平均随机一致性指标。表5给出了500样本判断矩阵计算的平均随机一致性指标检验值。

表5 平均随机一致性比率指标 $R.I.$

n	1	2	3	4	5	6	7	8	9
$R.I.$	0	0	0.58	0.90	1.12	1.24	1.32	1.41	1.45

4.5.4 AHP计算权重实例

第2层次的人-机-环境的判断矩阵见表6。

计算出 $w_i = [\,0.258\quad 0.105\quad 0.637\quad]$，$\lambda_{max} = 3.069$，$C.I. = 0.035$，$R.I. = 0.58$，$C.R. = 0.059 < 0.1$，满足一致性要求。

同理可得第3层次的环境系统的权重为 $C.R. = 0.059 < 0.1$ 满足一致性要求。

表6 人机环境的判断矩阵

人机环境系统	人 c_1	机 c_2	环境 c_3
人 c_1	1	3	1/3
机 c_2	1/3	1	1/2
环境 c_3	3	5	1

4.6 人-机-环境系统的综合评估

对于人子系统：$R_1^{'} = w_{1i}R_1 = 1.830$；

同理，对于机子系统：$R_2^{'} = 1.293$；

对于操作环境：$R_{31}^{'} = 1.341$；

对于辅机系统环境：$R_{32}^{'} = 1.393$；

对于有机热载体炉运行介质环境：$R_{33}^{'} = 1.804$；

对于管理环境：$R_{35}^{'} = 1.242$；

对于环境子系统：$R_3^{'} = 1.749$；

对于人-机环境系统：$R = 1.722$。

4.7 评估结果分析

从以上评估结果可以看出：

1）人机环境系统的综合评估结果是1.722度，即介于低度和中度风险之间，更偏向中度风险，所以要对整个系统进行监测。

2）人、机、环境各子系统的风险也是位于低度和中度风险之间，风险由大至小顺序为人子系统风险、环境子系统和机子系统，表明有机热载体炉运行系统中人的影响因素很大。

3）在环境子系统中，锅炉房及系统空间布置综合风险最大，为2.794，介于中度风险和高度风险之间。对此要重点监控三方面：①要严格按照《锅炉安全技术监察规程》进行有机热载体炉辅助系统的布置，特别是高低位槽的布置，保证其在有有机热载体泄漏的情况下也不易发生火灾，或者引发的事故影响较小；②自动控制系统空间布置与司炉工生理特性的匹配和易操作性；③安全阀、液面计、爆破片等与司炉工视角位置的观察的便捷性和清晰性。其次较大的是有机热载体炉运行的介质环境属于中度风险。在运行中，一方面要加强对在用有机热载体介质的检测，另一方面要保证启炉和停炉严格按有机热载体炉操作规程，如司炉工启炉时必须对有机热载体进行脱水操作后方可升温等。

4）指标层各评价指标的风险评估如下：人子系统中人员的技术素质风险度最大，为2.423，介于中度风险和高度风险之间，其次风险度较高的是人员的敬业精神，为2.402，而司炉工资质和心理素质的风险为低度风险。这表明人员爱岗敬业和操作有机热载体炉的实际经验有待加强提高，特别是对有机热载体炉操作实践经验的考虑要加强；只有技术素质过硬且敬业精神极强，才可以防范风险；机的底层评价指标中系统密封情况的风险最大，由于有机热载体介质具有易燃、易渗透的特性，一旦泄漏极易引发火灾，这就决定了系统密封的重要性；作业环境中的自动控制系统的人机界面风险最大，为中度风险，要采取适当措施进行改善，尽可能采用人性化的操作界面；在辅机系统环境中，循环泵匹配程度的风险为中度风险，但位于中度和高度风险之间，循环泵影响实际运行中受热面的有机热载体流速，而流速过慢极易形成层流而过热积炭，因此应密切关注运行循环泵的扬程和流量；有机热载体炉运行介质环境中的底层评价指标中的酸值、运动粘度和残炭值检测风险较大，为中度风险和高度风险之间。这是因为有机热载体炉运行中介质的高温过热、氧化和污染情况都与介质的这三项指标密切相关，可以通过其反映其变质及积炭情况；管理环境中的规章制度与人员管理风险最大，为低度和中度风险之间，表明应着重加强各项司炉工管理和制度工作的落实。

5 结论

1）在分析人子系统、机子系统和环境子系统的基础上，结合相关规范、专家法和有机热载体炉实际操作技术，融合专家法、熵度法和层次分析法，提出了有机热载体炉运行风险的人-机-环境系统评价模型，构建了开放式评价指标体系，并进行了模型的一致性检验。

2）将模型应用到某台有机热载体炉运行中，得到人机环境系统的综合评估结果是介于低度和中度风险之间，应对整个系统进行监测。

3）人、机、环境各子系统的风险也是位于低度和中度风险之间，由大到小顺序为人子系统风险，环境子系统和机子系统，表明有机热载体炉运行中人和环境管理的影响因素很大。而人机环境系统的各指标层风险各不一样：人主要是人员操作有机热载体炉的技术素质和敬业精神，机偏重于考虑法兰、阀门等系统的密封情况，环境方面重点是做好有机热载体介质检测、锅炉房系统布置和自动化控制界面的人性化设计。

此次对有机热载体炉人机环境系统的评估与一般的有机热载体定期检验相比，它可以根据有机热载体炉制造水平、检验水平的提高通过专家评分的方法把风险由机向人和环境这两个子系统转移，同时对人机环境及其指标层风险值进行定量化，使得一线检验人员、司炉工关注到在当前制造检验水平下哪些指标层的风险值较大。但这毕竟只是初探，尽管经过了矩阵一致性检验仍不能排除样本的主观性以及考虑指标层的不完善性，这都有待以后的研究逐步完善。

参考文献

[1] 徐开启，崔鲲，吴东广．基于人-机-环境系统工程的军用危险品铁路运输风险评价 [J]．军事交通学院学报，2009，11（3）：18-21.

[2] Holicky M. Probabilistic risk optimization of road tunnels [J]．Structural Safety，2009，31 (3)：260-266.

[3] 安永林，黄戡，彭立敏，等．隧道施工风险人-机-环境系统综合评估 [J]．中南大学学报（自然科学版），2012，43（1）：301-307

[4] 龙升照，黄端生．人-机-环境系统工程理论及应用基础 [M]．北京：科学出版社，2004.

[5] 中华人民共和国国家标准．GB/T 23971—2009 有机热载体 [S]．2009.

[6] 时峰．基于设备故障分析的导热油泵房火灾事故树研究 [D]．上海：上海交通大学，2008.

[7] TSG 特种设备安全技术规范：锅炉安全技术监察规程 [S]．TSG G0001—2012，2013.

[8] 胡洪，余笑枫．有机热载体炉辐射管泄漏原因分析及预防措施 [J]．工业锅炉，2005，92（4）：54-57.

[9] 吴旭正、王桂晶．特种设备典型事故案例集 [M]．北京：航空工业出版社，2005.11.

[10] 王保国，王新泉，刘淑艳．安全人机工程学 [M]．北京：机械工业出版社，2007：50-79.

[11] 卜一平．使用过程中合成导热油的品质变化状况测定和评价研究 [D]．苏州：苏州大学，2005.

[12] 覃金珠. 有机热载体加热系统优化设计研究 [D]. 长沙：湖南工业大学，2010.

[13] 赵钦新. 有机热载体炉技术及其进展 [J]. 工业锅炉，2004，83（1）：24-30.

[14] 牛卫飞，王泽军，黄长河. 有机热载体炉盘管声发射检测技术 [J]. 无损检测，2007，31（1）：17-20.

[15] 顾炜莉，王汉青，寇广孝. 雷诺数法防止盘管式有机热载体炉有机热载体过热的理论分析 [J]. 节能，2007（9）：10-12.

[16] 朱宇龙，赵辉，青俊. 基于结焦机理的有机热载体炉炉管在线寿命评估系统研究[J]. 工业锅炉，2010，123（5）：17-20.

[17] 山东导热油工程技术研究中心. 导热油应用技术基础知识 [M]. 天津：天津科学技术出版社，2007.12.

[18] 中华人民共和国国家标准. GB/T 17410—2008 有机热载体炉 [S]. 2008.

[19] 中华人民共和国国家标准. GB/T 24747—2009 有机热载体安全技术条件 [S]. 2009.

[20] 赵欣刚，齐鹿扬. 有机热载体炉 [M]. 北京：中国计量出版社，2008.

6.2　有机热载体炉积炭层中超声导波的检测试验研究[一]

1. 概述

积炭层是引发有机热载体炉火灾的关键因素。利用超声导波对有机热载体炉炉管中的积炭层厚度进行检测显得十分重要。该文首先阐述了模拟积炭层检测的试验装置，然后研究了不同探头间距、不同周期和炉管中有无积炭层对超声导波信号的影响。得到试验结果如下：频率500kHz的L（0，2）模态导波在双层管道中的最佳探头检测间距为35～40cm，最佳检测周期为5周期，当探头间距40cm、5周期、500kHz激励出的L（0，2）模态在3mm积炭管中的群速度比在空管中的群速度减少7.59%，从模拟试验中验证了可利用超声导波群速度检测积炭层厚度。该研究结果为基于超声导波的有机热载体炉积炭检测研究奠定了应用基础。

有机热载体在管道的积炭缩小了炉管的流通面积，增大了摩擦阻力，降低了有机热载体的流速，甚至会初凝停流导致炉管爆管泄漏，从而引发火灾等事故发生，因此积炭层是引发有机热载体炉的关键因素[1]。目前有机热载体炉积炭厚度的检测国内绝大多数还是集中在理论方法和模型探索方面[1-4]；有些方法须停炉排空有机热载体，而且只能监察装水施压时的情况，不能测出具体积炭厚度[4]。

近年来，超声导波检测结构附着物的研究取得了很大进展。有些附着物检测方法运用在飞机机翼薄冰层[5]，有些用来检测工业锅炉水垢层[6]和其他结构

──────────
　　㊀　资助项目：质检公益性行业科研专项。

的附着物检测[7,8]等方面，也有利用超声导波对有机热载体炉管子积炭进行检测的研究[9]，该研究比较了群速度、截止频率和跃迁频率超声导波三个表征参数并从理论上论证了可利用群速度的变化来表征不同积炭层厚度，但仍局限在空管理论分析和数值模拟方面，未对积炭层的模拟进行试验检测。

该文阐述了有机热载体炉积炭检测试验装置，对有机热载体炉积炭层中不同探头间距和检测周期对纵向导波的检测能力影响进行了试验比较研究，最后选取了探头间距为40cm，检测周期为5周期，检测频率为500kHz的L（0，2）模态导波对有机热载体炉空管和3mm积炭层炉管进行实际检测，通过试验对比了两者群速度的变化关系。

2. 论文内容（摘录）

有机热载体炉积炭层中超声导波的检测试验研究

彭小兰　吴超　殷先华

1　管道-积炭层结构中超声导波的积炭检测原理

建立超声导波在管道-积炭层双层结构中的波动模型。内层是积炭层，外层是弹性管道。坐标轴 z 轴为圆柱壳中心线，r_1、r_2、r_3 分别表示积炭层内半径，积炭层外半径（交界面）和管道外半径。

当波在弹性或粘弹性圆柱壳结构中传播时，均满足 Navier 位移运动方程[15]

$$\mu \nabla^2 \boldsymbol{u} + (\lambda + \mu) \nabla (\nabla \cdot \boldsymbol{u}) = \rho \frac{\partial^2 \boldsymbol{u}}{\partial t^2} \tag{1}$$

式中：μ、λ 为材料的 Lame 常数；ρ 为材料密度；t 为时间；$\boldsymbol{u}$ 为位移场。

建立各层表面的应力和位移边界条件。

（1）粘弹性层的外表面（$r = r_3$）

$$\begin{cases} (\sigma_{rz}^{v})_{r=r_3} = 0 \\ (\sigma_{rr}^{v})_{r=r_3} = 0 \end{cases} \tag{2}$$

（2）管道和积炭层的交界面（$r = r_2$）

$$\begin{cases} (u_r^{e})_{r=r_2} = (u_r^{v})_{r=r_2} \\ (u_z^{e})_{r=r_2} = (u_z^{v})_{r=r_2} \\ (\sigma_{rr}^{e})_{r=r_2} = (\sigma_{rr}^{v})_{r=r_2} \\ (\sigma_{rz}^{e})_{r=r_2} = (\sigma_{rz}^{v})_{r=r_2} \end{cases} \tag{3}$$

（3）积炭层的内表面（$r = r_1$）

$$\begin{cases} (\sigma_{rz}^{e})_{r=r_1} = 0 \\ (\sigma_{rr}^{e})_{r=r_1} = 0 \end{cases} \qquad (4)$$

联立式（2）~式（4）可得一组特征方程，方程的矩阵形式为

$$DY = 0 \qquad (5)$$

式中：D 为 8×8 矩阵；$Y = \begin{bmatrix} A_1^e & A_2^e & B_1^e & B_2^e & A_1^v & A_2^v & B_1^v & B_2^v \end{bmatrix}^T$，上标 e 表示弹性管道，上标 v 表示粘弹性外包层。

为使式（5）有非零解，其系数行列式必须为零

$$|D| = 0 \qquad (6)$$

式（6）为管道-积炭层双层结构中超声导波纵向模态的频散方程。

2 有机热载体炉积炭检测试验

2.1 试验检测装置

根据文献［9］的积炭检测理论搭建了一套检测有机热载体炉积炭的超声导波检测试验系统，如图 1 所示。首先由函数发生器（Tektronix AFG3021B）产生经 Hanning 窗调制的 5 个周期单音频信号，经由功率放大器（T&C AG1016）和信号转换装置作用于管道一端的传感器上，超声导波信号经斜探头接收，显示于数字示波器（Tektronix DPO4054）并存储于计算机中，以进行信号处理。试验数据的采集：接收传感器布置于与激励传感器同一条母线上如图 1 所示。

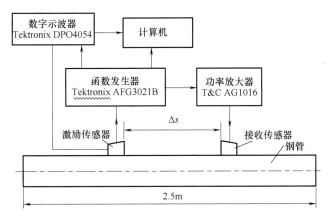

图 1 有机热载体炉积炭层模拟附着物检测试验装置图

2.2 试验积炭层模拟

由于环氧树脂模拟物具有易于获得，形态塑性强，易于控制其在金属管壁的厚度等特点，故在试验中选取环氧树脂作为主要原料，并添加碳或碳氢化合物（与积炭层成分类似材料）来模拟金属管壁附着物。

根据文献［9］中分析知影响超声导波传播的主要参数是材料的特性参数，试

验通过添加碳或碳氢化合物（与积炭层成分类似材料）使得环氧树脂和积炭层材料各项参数的比对误差在1%之内，这样才能使得模拟的积炭层具备现场适用性。

试验中模拟附着物的示意图如图2所示。其中模拟附着物厚度为3mm，试验可通过改变内杆的直径来控制环氧树脂厚度。

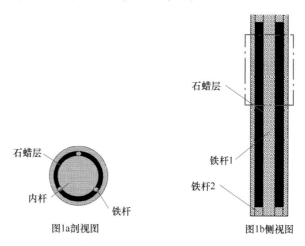

图2　管道-积炭层双层结构附着物示意图

3　不同探头间距检测对接收信号的影响

为了研究探头布置间距对炉管中超声导波检测能力的影响，选取激励信号为5周期，频率为500kHz，峰峰值为200mV，接收传感器布置于与激励传感器同一条母线上，探头间距为20～100cm，探头间距每变化5cm采集一次数据。由于差值法计算群速度具有更高测量精度[9]，故利用差值法进行探头的移动比对试验。

3.1　不同探头间距检测群速度的变化关系

通过不同探头布置间距时接收得到的时域信号图中激励波形与接收波形的时间差 Δt，以及波传播距离 s，可以求得群速度 $v_g = \dfrac{s}{\Delta t}$，获得如图3所示17组数据。对图3的群速度进行归一化处理得到表1。

通过表1进行归一化处理计算得到的群速度在3300m/s左右，与文献［9］中L（0，2）模态理论值4203m/s有27%误差。分析误差原因主要有两个：一是单个斜探头非对称激励出的模态不全为L（0，2），还有其他模态杂波的影响，而不同模态的波其群速度是不同的。二是同时由于受探头性能的影响，激励出的信号频率与500kHz有所偏离，而从文献［9］知，相同模态不同频率的导波群速度是不相同。归纳误差原因是超声导波L（0，2）模态的频散特性导致的。避免此类误差产生的最好方法是尽量数据在同一时间、同一位置取得，使采集的初始条件尽可能一致。

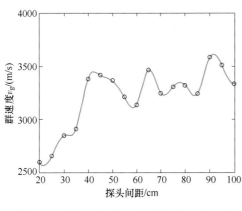

图 3　不同探头间距检测得到的群速度变化

表 1　不同探头间距检测得到的
群速度变化归一化表

探头间距/cm	群速度归一化数值	探头间距/cm	群速度归一化数值
20	0.725	65	0.968
25	0.742	70	0.907
30	0.796	75	0.923
35	0.813	80	0.928
40	0.945	85	0.904
45	0.954	90	1
50	0.939	95	0.979
55	0.896	100	0.931
60	0.876		

同时从图 3 和表 1 对比不同间距的群速度变化幅度，以偏差超过 15% 作为临界点，得到如下结果：激励信号为 5 周期，频率为 500kHz，峰峰值为 200mV，激励出的模态群速度的盲区处于 0～35cm 之间。工程实际应用中尽量避免此检测间距。

3.2　不同探头间距接收信号幅值变化关系

通过提取不同探头布置间距时接收得到的信号包络图中幅值，如图 4 所示。

对图 4 中的幅值进行归一化处理后得到表 2。从图 4 不同探头间距接收信号幅值变化曲线和表 2 归一化处理后的幅值表可知：①当探头间距在 20～35cm 时，幅值变化较大，误差在 20.5%～55.8%，结合图 3 的群速度分析，可知该区域属于检测信号盲区，有各种杂波干扰，因此接收信号幅值误差较大；②当探头间距在 40～45cm 时接收信号幅值比较均一，各信号幅值误差在 0%～5.3%，该误差属于工程领域可接受范畴，因此该探头布置间距认为是导波检测的最佳区域；③当探头间距在 50～100cm 时，误差在 29.9%～57.2%，

表 2　不同探头间距接收信号
幅值变化归一化表

探头间距/cm	群速度归一化数值	探头间距/cm	群速度归一化数值
20	0.527	65	0.558
25	0.795	70	0.685
30	0.442	75	0.608
35	0.615	80	0.428
40	1	85	0.466
45	0.947	90	0.501
50	0.701	95	0.397
55	0.540	100	0.557
60	0.680		

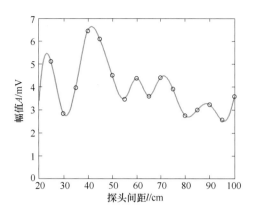

图 4   不同探头间距接收信号幅值变化

这是因为波幅随着传播距离的增加其幅度变小，能量减弱。因此，导波积炭检测不适合远距离检测。

3.3   结果分析

综合以上结果分析可知，激励信号为 5 周期，频率为 500kHz，峰峰值为 200mV，激励出的 L（0，2）模态的群速度检测区域为探头布置间距大于或等于 35cm，而由于随着检测区域的增大，接收信号的幅值会逐渐减小，能量变弱，所以综合接收信号的群速度和幅值随探头间距的变化关系，有机热载体炉管中积炭层超声导波检测探头布置最佳检测距离为 40cm。

4   检测周期和有无积炭层对检测信号的影响

为测定检测周期和炉管有无积炭层对检测信号的影响，特进行如下试验：激励信号周期：5、10、50；频率 500kHz；峰峰值 200mV。接收传感器布置于与激励传感器同一条母线上，探头间距为 15～40cm，探头间距每变化 5cm 采集一次数据，具体进行的试验组数和试验参数见表 3。

表 3   激励信号试验参数选取

试验组数/ 试验参数	积炭层	周期	探头间距
1	空管	5	每组测定探头间距分别为 15cm、20cm、25cm、 30cm、35cm、40cm 共六次数据
2	积炭层 3mm	5	
3	积炭层 3mm	10	
4	积炭层 3mm	50	

4.1 超声导波信号中的成分分析

为了研究信号周期选取对积炭检测的影响，试验中激励出 3 个不同检测周期数但中心频率均为 500kHz 的单音频信号，对长为 2m 管道中的 3mm 积炭层进行检测。探头布置间距 40cm、频率 500kHz 时积炭层模拟物附着试验分别得到超声导波波形。图 5 给出这些波形的短时傅里叶变换图。其中图 5a 为空管中，5 周期，探头间距为 40cm 时接收到的时域信号的短时傅里叶变换图；图 5b 为积炭层 3mm，5 周期，探头间距 40cm 时接收到的时域信号短时傅里叶变换图；图 5c 为积炭层 3mm，15 周期，探头间距 40cm 时接收到的时域信号短时傅里叶变换图；图 5d 为积炭层 3mm，50 周期，探头间距 40cm 时接收到的时域信号的短时傅里叶变换图。

对频率 500kHz，不同探头布置间距时积炭层模拟物附着试验接收信号进行群速度差值法[9]计算得到见表 4。

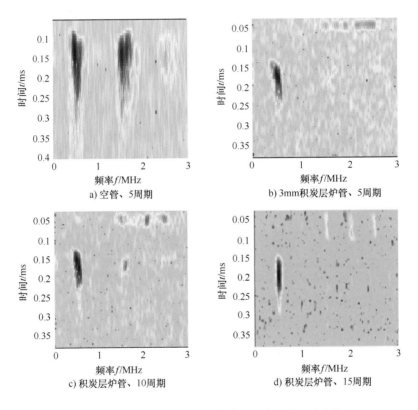

a) 空管、5周期

b) 3mm积炭层炉管、5周期

c) 积炭层炉管、10周期

d) 积炭层炉管、15周期

图 5   在不同管道中得到的超声导波信号的傅里叶变换图

表 4　不同周期、积炭有无与群速度的变化关系

群速度/（m/s） 探头间距/cm	群速度（空管） 5周期	群速度（非空管）		
		5周期	10周期	50周期
15	—	2415	2508	2682
20	2401	2717	2797	2941
25	2825	—	—	—
30	2849	2896	2898	2956
35	3009	3250	3247	—
40	3384	3125	3127	3130

4.2　检测周期对检测信号的影响

通过接收信号的时域试验图并对比图5b、c和d结果发现：

1）随着周期数的增加，时域信号的持续时间越长。5个周期接收信号的时间为 $0.8308\mu s$；10个周期接收信号的时间为 $1.732\mu s$；15个周期接收信号的时间为 $4.2095\mu s$。信号的周期数越多，波形越易叠加，不利于积炭层的检测和识别。

2）频率500kHz时，尽管炉管积炭层中5周期、10周期、15周期三种周期均激励出的主要模态为 L（0，2），但是信号的能量和信噪比不尽相同，相比较而言5周期时，信噪比比后两种情况更好，信号能量更大，信号成分更为清晰。

3）频率500kHz、5周期时积炭层炉管中激励出 L（0，2）模态和 L（0，3）模态，在频率1.6MHz时激励出部分 L（0，4）和 L（0，5）模态，这与空管中的导波模态有很好的一致性。

从表4不同检测周期中测得群速度的比对分析，一方面部分探头间距和检测周期未获得接收信号的群速度，分析是因为波形之间相互衍射、干涉等影响导致接收信号无法确认接收信号的峰值点所致；另一方面发现在15~35cm探头间距时，不同检测周期对积炭管子的群速度影响较大，不适合作为积炭层管道的检测间距和周期；而当探头间距为40cm时，检测周期分别取5周期、10周期、50周期时，积炭管中 L（0，2）模态的群速度测定误差分别为 -0.10%、0、+0.10%，该误差影响在工程应用中可忽略。也就是可以确认，当检测间距为40cm时，从信号群速度的计算误差来看，检测周期可以选择5周期、10周期和50周期对积炭层进行检测。

综合接收信号成分时域特性、频域特性和群速度比对分析，实际检测中选取的检测周期为5周期较为合适。

4.3 炉管积炭层与空管中的群速度表征参数比对

文献［9］已经从理论上论证了可用超声导波的群速度进行积炭层检测的表征参数，而本试验将积炭层模拟附着物涂上去进行实际检测，得到图5a、图5b和表4。

通过图5a和图5b进行比对可知，炉管积炭层中有效激励出来的信号主要模态为L（0，2），与空管中激励出的信号模态基本一致，从而从试验角度验证了可用环氧树脂进行模拟。

对比表4中其他检测间距的群速度变化，可进一步论证图3和表2得出的检测间距为0～30cm为L（0，2）模态导波的检测盲区，相比较而言，其中35cm开始有一定的检测可能性。另外，从空管和不同周期的积炭管中群速度对比来看：可明显看到即使检测周期不同，积炭管中群速度基本接近，误差在工程允许范围之内，但是积炭管与非积炭管的群速度却有明显递减，因为根据前面分析可知探头间距为40cm最佳检测间距，故下面重点分析此探头间距对应的群速度变化情况。

由表4可以计算出，当探头间距40cm，检测周期分别取5周期、10周期、50周期时，积炭管中L（0，2）模态的群速度较空管中L（0，2）模态的群速度分别减小7.65%、7.59%和7.51%。从模拟试验中测定的群速度可知：积炭管与空管中群速度有明显减小，为7.5%～7.6%，可用群速度的变化值来表征积炭层中的厚度参数。

4.4 结果分析

从信号的信噪比、时频域特征等分析表明检测的最佳周期为5；当探头间距40cm，检测周期分别取5周期时，通过试验得出了积炭管中L（0，2）模态的群速度较空管中L（0，2）模态的群速度减小7.65%，从而论证了可用频散曲线中的群速度作为积炭层有无的表征参数。

5 结论

研究了超声导波在有机热载体炉积炭层中的不同检测周期、不同检测间距、以及有无积炭层等对信号检测的影响和与群速度的变化关系，这对于将超声导波应用到有机热载体炉现场实际积炭层厚度检测中显然十分重要。通过试验对比研究得到如下结论。

1）激励信号为5周期，频率为500kHz，峰峰值为200mV，激励出的L（0，2）模态波的群速度检测盲区为探头布置间距小于350mm，但是随着探头检测间距的增大，接收信号的幅值会逐渐减小能量变弱，所以综合接收信号的群速度和幅值随探头间距的变化关系，有机热载体炉管中积炭层超声导波检测探头布置最佳检测距离为40cm。

2）从信号的信噪比、时域和频域特征验证了检测的最佳周期为 5 周期。

3）可用环氧树脂添加碳氢化合物和模拟积炭层，并成功激励出了 L（0，2）模态。

4）当探头间距 40cm，检测周期取 5 周期时，用试验论证了 L（0，2）模态在积炭管中的群速度较空管中的群速度减小 7.65%，可用空管和积炭管群速度的变化关系来检测有机热载体炉管道中的积炭层。

参考文献

［1］彭小兰，吴超，殷先华．有机热载体炉事故与积炭检测技术发展［J］．工业锅炉，2013（4）：6-10．

［2］朱宇龙，赵辉，青俊．基于结焦机理的有机热载体炉炉管在线寿命评估系统研究［J］．工业锅炉，2010（5）：17-20．

［3］赵钦新．有机热载体炉技术及其进展［J］．工业锅炉，2004，1：24-30．

［4］胡洪，余笑枫．有机热载体炉辐射管泄漏原因分析及预防措施［J］．工业锅炉，2005（4）：54-57

［5］Gao Hui-dong, Rose J L. Ice detection and classification on an aircraft wing with ultrasonic shear horizontal guided waves［J］. IEEE Transactions on Ultrasonics, Ferroelectrics, and Frequency Control, 2009, 56（2）: 334-344.

［6］何存富，郑阳，吴斌．基于 SH 波的工业锅炉水垢厚度检测系统及方法［P］．中国：201010159752. 2010-10-15.

［7］Ma J, Simonetti F, Lowe M. Practical considerations of sludge and blockage detection inside pipes using guided ultrasonic waves［J］. Review of Progress in Quantitative Nondestructive Evaluate, 2011（26）: 136-143.

［8］吴斌，李杨．水平剪切波在板表面附着物厚度检测中的应用［J］．机械工程学报，2012，48（18）：78-85．

［9］彭小兰，吴超．基于超声导波的有机热载体炉积炭检测技术．中国安全科学学报［J］．2013（6）：74-79．

［10］刘增华，何存富，杨士明，等．充水管道中纵向超声导波传播特性的理论分析与试验研究［J］．机械工程学报，2006，42（3）：171-178．

［11］何存富，吴斌，范晋伟．超声柱面导波技术及其应用研究进展［J］．力学进展，2001，3（2）：203-214．

［12］刘增华，何存富，吴斌，等．利用斜探头在管道中选取纵向模态的试验研究［J］．工程力学，2009，26（3）：246-250．

［13］刘增华，吴斌，李隆涛，等．管道超声导波检测中信号选取的实验研究［J］．北京工业大学学报，2006，32（8）：699-703．

［14］吴斌，颉小东，李昱昊，等．钢花管中低频纵向超声导波传播特性的试验研究［J］．工程力学，2012，29（8）：319-325．

[15] Barshinger J, Rose J L. Guided wave propagation in an elastic hollow cylinder coated with a viscoelastic material [J]. IEEE Transactions on Ultrasonic, Ferroelectrics, and Frequency Control, 2004, 51 (11): 1547-1556.

6.3 有机热载体炉积炭导波检测模态研究[⊖]

1. 概述

该文针对有机热载体炉火灾的关键因素积炭，提出利用纵向超声导波对其厚度进行定量检测并阐述了其检测原理和检测系统。为识别积炭检测中超声导波的模态类别，故利用时频分析对炉管中多个模态进行比较分析，并结合时频分析的主要能量分布图与数值模拟的频散曲线中 L（0，2）模态的走势有80%的拟合，初步推断激励出的主要波形模态为 L（0，2）模态，最后通过时差法计算群速度和实验群速度的相对误差仅为 1.88% ~ 3.48%，进一步论证了推断的正确性，这为有机热载体炉积炭检测技术奠定了理论基础。

有机热载体炉[2]是以煤、油、燃气、电为能源，以有机热载体（俗称导热油、热媒、有机传热介质、热传导液）[1]为介质的能源转换设备。运行时，利用循环油泵，强制有机热载体通过供热系统进行液相循环（气相炉是利用密度差进行自然循环），将热能输送给用热设备后，再返回炉内重新被加热。有机热载体炉因其具有低压、高温等特点，得到广泛应用。但是由于较高的运行温度会加速有机热载体的降解从而形成受压件内壁积炭层甚至导致管壁鼓包泄漏，最终导致火灾[3]。

目前有机热载体炉积炭厚度的检测国内绝大多还是集中在理论方法建议和模型探索上[4-7]；有些方法须停炉排空有机热载体，而且只能监察装水施压时的情况，不能测出具体积炭厚度[6]；另外有些附着物检测方法局限运用在飞机机翼薄冰层[8]或工业锅炉水垢层检测[9]上。如何定量检测有机热载体炉积炭层厚度尤为重要，故提出利用纵向超声导波来检测积炭层厚度。

超声导波技术是一种新兴的无损检测技术，具有长距离快速检测的优点[10]。但是超声导波信号传播具有频散特性，导致每个频率至少存在两个或多个模态，传统的时域和频域分析方法不能分析信号频谱随时间的变化情况。在此选择短时傅里叶变换（Short Time Fourier Transform，STFT）用于在有机热载体炉炉管积炭层中得到的纵向超声导波信号进行时频分析，以确定信号中的主要模态信息，并通过实验群速度与理论群速度的拟合进一步论证。

⊖ 资助项目：质检公益性行业科研专项。

2. 论文内容（摘录）

有机热载体炉积炭导波检测模态研究

彭小兰　吴超

1　有机热载体炉超声导波积炭检测技术

1.1　管道-积炭层结构中超声导波的积炭检测原理

以 Disperse 软件建立超声导波在管道-积炭层双层结构中的波动模型，如图 1 所示。内层是积炭层，外层是弹性管道。坐标轴 z 轴为圆柱壳中心线，r_1、r_2、r_3 分别表示积炭层内半径，积炭层外半径（交界面）和管道外半径。

当波在弹性或粘弹性圆柱壳结构中传播时，均满足 Navier 位移运动方程（1）

$$\mu\nabla^2\boldsymbol{u}+(\lambda+\mu)\nabla(\nabla\cdot\boldsymbol{u})=\rho\frac{\partial^2\boldsymbol{u}}{\partial t^2} \tag{1}$$

式中：μ，λ 为材料的 Lame 常数；ρ 为材料的密度；t 为时间；$\boldsymbol{u}$ 为位移场。

建立图 1 中各层表面的应力和位移边界条件。

（1）粘弹性层的外表面（$r=r_3$）

$$\begin{cases}(\sigma_{rz}^{\text{v}})_{r=r_3}=0\\(\sigma_{rr}^{\text{v}})_{r=r_3}=0\end{cases} \tag{2}$$

（2）管道和粘弹性层的交界面（$r=r_2$）

$$\begin{cases}(u_r^{\text{e}})_{r=r_2}=(u_r^{\text{v}})_{r=r_2}\\(u_z^{\text{e}})_{r=r_2}=(u_z^{\text{v}})_{r=r_2}\\(\sigma_{rr}^{\text{e}})_{r=r_2}=(\sigma_{rr}^{\text{v}})_{r=r_2}\\(\sigma_{rz}^{\text{v}})_{r=r_2}=(\sigma_{rz}^{\text{v}})_{r=r_2}\end{cases} \tag{3}$$

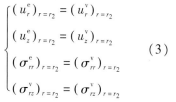

图 1　管道-积炭层双层结构模型

（3）弹性层的内表面（$r=r_1$）

$$\begin{cases}(\sigma_{rz}^{\text{e}})_{r=r_1}=0\\(\sigma_{rr}^{\text{e}})_{r=r_1}=0\end{cases} \tag{4}$$

联立式（1）～式（3）可得一组特征方程，方程的矩阵形式为

$$\boldsymbol{D}\boldsymbol{Y}=0 \tag{5}$$

式中：$\boldsymbol{D}$ 为 8×8 矩阵；，$\boldsymbol{Y}=\begin{bmatrix}A_1^{\text{e}}&A_2^{\text{e}}&B_1^{\text{e}}&B_2^{\text{e}}&A_1^{\text{v}}&A_2^{\text{v}}&B_1^{\text{v}}&B_2^{\text{v}}\end{bmatrix}^{\text{T}}$，上标 e 表示弹性管道，上标 v 表示粘弹性外包层。

为使式（4）有非零解，其系数行列式必须为零

$$|\boldsymbol{D}|=0 \tag{6}$$

式（5）为带粘弹性包覆层管道中纵向模态的频散方程。

1.2 双层管道积炭检测系统

基于上述原理搭建了一套检测积炭厚度的实验系统，如图2所示。首先由函数发生器（Tektronix AFG3021B）产生经 Hanning 窗调制的5个周期单音频信号，经由功率放大器（T&C Ag1016）和信号转换装置作用于管道一端的传感器上，超声导波信号经斜探头接收，显示于数字示波器（Tektronix DPO4054）并存储于计算机中，以进行信号处理。在此选取两个斜探头采用一发一收激励接收超声导波，入射角均为30°，中心频率500kHz。在此超声导波的激励频率与斜探头的中心频率相同。

以 Disperse 软件建立超声导波在管道-积炭层双层结构中的波动模型，在此，有机热载体炉管道为内径50mm，壁厚3.5mm的20（15）钢钢管，选取石墨（化学成分为碳，与普通积炭层的成分相同）作为积炭层，对于积炭层的厚度选取为0mm、1mm、1.5mm、2mm、2.5mm、3.5mm。钢管和石墨的材料参数见表1。

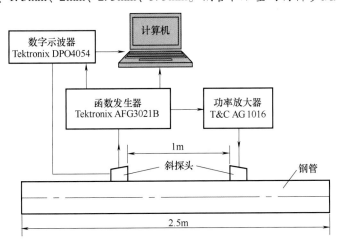

图2　有机热载体炉积炭检测系统

表1　有机热载体炉管道的材料参数

材　　料	密度 ρ /(g·cm^{-3})	纵向波速 c_l /(m·ms^{-1})	横波波速 c_s /(m·ms^{-1})
石墨	1.870	1.624	2.689
20 钢	7.850	5.943	3.177

在激励频率500kHz时，可以得到不同积炭层厚度的管道中 L（0，2）模态入射角-频率关系，入射角选为30°。此外，实验钢管外径为57mm，为了使钢管和超声传感器更好的耦合，超声传感器的弧度选为29mm。

对探头进行阻抗分析，得出制作得到的探头在500kHz时具有良好的效能，其二次谐振点出现在1.6MHz左右，斜探头阻抗分析图如图3所示。

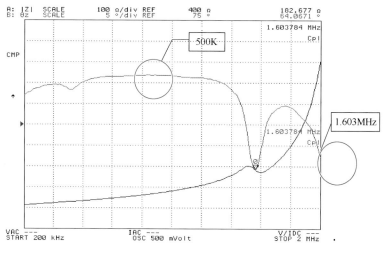

图3 管道积炭层超声导波检测专用斜探头阻抗

1.3 不同L模态在积炭层管道中的频散曲线

在有机热载体炉积炭检测中,通过判断超声导波的群速度来确定其相应的模态。通过数值模拟和分析得到积炭层厚度为3mm时管道-积炭层模型的频散曲线图,如图4所示。由图可知,在管道-积炭层双层管道结构中,各L模态均表现除了较大的频散特性,呈现出较为复杂的情况。在0~3.0MHz频带内,纵向超声波的模态数约为10个。

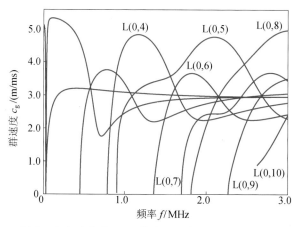

图4 积炭层厚度3mm管道–积炭层模型频散曲线
空管中纵向模态群速度频散曲线

2 时频分析在积炭检测模态识别中的应用

超声导波信号是非平稳信号。传统的傅里叶变换方法是一种全局的变换,无法描述信号的时域局域性质。而时频分析是描述信号的频谱含量是怎样随时间变化的，研究并了解时变、频变在数学和物理上的概念和含义。其目的是建立一种分布，以便能在时间和频率上同时表示信号的能量或强度，得到这种分布后，就可以对各种信号进行分析、处理、提取信号中所包含的特征信息，或者综合得到具有期望的视频分布特征的信号。

因此，在炉管的超声导波检测试验中，为了激励单一模态，常采用单频脉冲信号激励超声导波。然而，这些脉冲信号仍然有一定的带宽，使得接收到的信号中，通常包含有多个超声导波模态，这些模态波形相互混叠，难以从时域信号中识别分离。在此从能量的角度，利用短时傅里叶分析方法提取超声导波模态的信息，并与群速度频散曲线相对比，实现炉管中超声导波纵向模态的有效识别。

2.1　能量分布密度变化趋势和频散曲线的耦合

通过实验接收到时域波形如图 5 所示，由激励信号时域图（图 5a）和接收信号的时域图（图 5b）可以看出，接收信号主要出现在 0.093 ~ 0.13ms，具有良好的信噪比。通过接收信号的频谱图（图 5d）可以看出，接收信号的能量主要集中在 500kHz 和 1.6MHz 左右。这与探头的阻抗分析图（图 3）中体现的一次谐振点 500kHz 和二次谐振点 1.6MHz 具有较好的耦合。

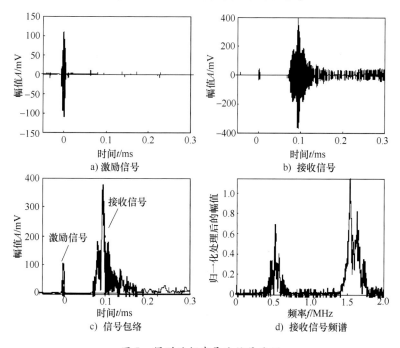

a) 激励信号　　　　b) 接收信号

c) 信号包络　　　　d) 接收信号频谱

图 5　得到的超声导波信号波形

图6给出了图5b的短时傅里叶变换图，从图6可以看出，接收信号的能量（黑灰白代表能量的强弱）主要集中在500kHz和1.6MHz左右。通过信号的时频分析结果与群速度频散曲线对比，可以判定信号中存在的不同导波模态[12]。在该试验检测系统中通过短时傅里叶变换图与群速度频散曲线对比可知，在频率500kHz，信号中包含的模态（图6中黑色部分）主要包括频率500kHz的L（0，2），频率1.6MHz附近的L（0，4）和L（0，6）模态。并且该图还给出了群速度频散曲线。超声导波信号的时频分布能量变化趋势和导波模态L（0，2）的群速度频散曲线具有80%的对应关系。

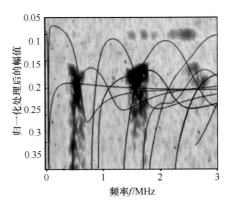

图6 图5b的短时傅里叶变化与频散曲线耦合图

因此，本文设计制作的斜入射式压电超声传感器在500kHz时有效激励得到L（0，2）模态，与理论相符。在二次谐振点1.6MHz左右时也有较强信号，与探头的阻抗分析图（图3）相吻合。下面就理论群速度与实际群速度的耦合进一步论证。

2.2 500kHz时L（0，2）模态理论计算群速度与实验群速度的耦合

以下通过变化信号周期和探头间距算出的实验群速度，并与理论计算群速度对比进一步验证。通过仿真数值计算得到频率500kHz时L（0，2）模态在空管中的理论计算群速度值为4203m/s。下面分别以包络时域差法和差值法两种来求实验群速度。包络线时域差计算法示意图如图7所示。针对不同周期、不同探头间距得到实验结果，以包络线时域差计算法得到的群速度见表2。

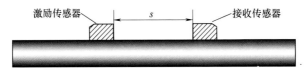

图7 包络线时域差法群速度计算

表2 包络线时域差得到群速度

序号	信号周期	探头间距 s/mm	到达时间 Δt/ms	实验群速度 c_1/(m·ms^{-1})	理论群速度 c_2/(m·ms^{-1})	相对误差（%）
1	5	100	0.03610	2770		34.09
2	5	300	0.09372	3201		23.84
3	10	300	0.08824	3400	4203	19.10
4	50	550	0.14881	3696		12.06

从表2的1、2组数据可以看出，提高探头的间距可以提高群速度计算的精度；从2、3组数据可以看出，提高激励信号的周期数可以提高群速度计算的精度；从3、4组数据可以看出，同时提高探头的间距和激励信号的周期数可以提高群速度计算的精度。这是由于传感器存在响应时间和模态传播存在频散造成的，而较大探头间距和较高频率周期正是解决了此类问题。但此方法算出的群速度相对误差较大，不能达到要求，因此下面分析差值法计算群速度在本文中的可行性。差值法计算群速度示意图如图8所示。

图8　差值法计算群速度

以差值法计算500kHz激励频率时得到的群速度见表3。由表3可知，差值法在群速度计算上的相对误差大大小于包络线时域差计算法，其在探头间距差值200～450mm时均具有较好的测量精度，尤其是当探头间距差值 $\Delta s = 250mm$ 时，相对实验群速度和理论群速度误差仅为1.88%。

表3　差值法计算群速度

序号	探头间距差值 $\Delta s/mm$	到达时间差 $\Delta t/ms$	实验群速度 $c_1/(m \cdot ms^{-1})$	理论群速度 $c_2/(m \cdot ms^{-1})$	相对误差（%）
1	200	0.04930	4056.8		3.48
2	250	0.06062	4124.1	4203	1.88
3	450	0.10992	4093.9		2.60

通过包络时域差法与差值法两种方法求证了实验群速度与理论计算群速度有高度的拟合，其中差值法具有更高的精度，可作为以后求解群速度的方法，也进一步验证了实验中的主要模态为 L（0，2）模态。

3　结论

1）阐述了用超声导波检测有机热载体炉积炭层厚度的基本原理，并搭建了一套相应的检测系统装置。

2）炉管超声导波信号处理采用时频分析可以用能量分布来描述超声导波的频散和多模态特性，并对比群速度频散曲线图，时频分析主要能量集中的黑色部分与频散曲线的变化趋势对比两者约有80%的拟合，初步判断炉管中的主要导波模态为 L（0，2）。

3）通过包络时域差法与差值法两种方法证实了实验群速度与理论计算群速度具有较好的一致性，其中差值法由于可以减少传感器存在响应时间而具有更高的精度，尤其是当探头间距差值 $\Delta s = 250\mathrm{mm}$ 时，相对实验群速度和理论群速度误差仅为 1.88%，这一方面可作为以后求解群速度的方法，另一方面也进一步验证了实验中激励和接收的主要模态为 L（0，2）模态，这为下一步进行有机热载体炉积炭检测奠定了基础。

参考文献

［1］ 中国石油化工股份有限公司石油化工研究院，等．GB/T 23971—2009 有机热载体［S］．北京：中国标准出版社，2009.

［2］ 常州能源设备总厂有限公司，等．GB/T 17410—2008 有机热载体炉［S］．北京：中国标准出版社，2008.

［3］ 朱宇龙，赵辉，青俊．基于结焦机理的有机热载体炉炉管在线寿命评估系统研究［J］．工业锅炉，2010，123（5）：17-20.

［4］ 赵钦新．有机热载体炉技术及其进展［J］．工业锅炉，2004，83（1）：24-30.

［5］ 胡洪，余笑枫．有机热载体炉辐射管泄漏原因分析及预防措施［J］．工业锅炉，2005，92（4）：54-57.

［6］ 牛卫飞，王泽军，黄长河．有机热载体炉盘管声发射检测技术［J］．无损检测，2007，31（1）：17-20.

［7］ 顾炜莉，王汉青，寇广孝．雷诺数法防止盘管式有机热载体炉导热油过热的理论分析［J］．节能，2007，302（9）：10-12.

［8］ GAO Hui-dong，Joseph L. Rose. Ice detection and classification on an aircraft wing with ultrasonic shear horizontal guided waves［J］．IEEE Transactions on Ultrasonics，Ferroelectrics，and Frequency Control，2009，56（2）：334-344.

［9］ 何存富，郑阳，吴斌．基于 SH 波的工业锅炉水垢厚度检测系统及方法．中国：201010159752.［P］，2010-10-15.

［10］ 李杨，吴斌．储罐底板超声导波检测传感器研制及应用研究［D］．北京：北京工业大学，2012.

［11］ 刘增华，何存富，吴斌，等．利用斜探头在管道中选取纵向模态的实验研究［J］．工程力学，2009，26（3）：246-250.

［12］ Barshinger J，ROSE J L. Guided wave propagation in an elastic hollow cylinder coated with a viscoelastic material［J］．IEEE Transactions on Ultrasonics，Ferroelectrics，and Frequency Control，2004，51（11）：1547-1556.

［13］ Ma. J. Scattering of the fundamental torsional mode by an axisymmetric layer inside a pipe［J］．Journal of the Acoustical Society of America，2006（120）：1871-1880.

［14］ Ma. J. Feasibility study of sludge and blockage detection inside pipes using guided torsional waves［J］．Measurement Science and Technology，2007（18）：2629-2641.

［15］ Ma. J. Practical Considerations of Sludge and Blockage Detection Inside Pipes Using Guided Ultrasonic Waves［J］．Quantitative Nondestructive Evaluate，2011（26）：136-143.

[16] 吴斌，李杨．水平剪切波在板表面附着物厚度检测中的应用［J］．机械工程学报，2012
（9）：78-85.

6.4 Research on the simulation of flow field of organic heat carrier furnace based on FLUENT[⊖]

1. 概述

基于 Fluent 软件，利用 Realizable $k - \varepsilon$ 湍流模型对炉管内有机热载体介质的
传热流动进行了数值模拟，分析了入口流速、积炭层厚度、液膜温度、热流密
度等对导热油流速的影响。结果表明：① 积炭越厚，壁温越高，流速越慢；
② 当入口流速 1.5m/s 时，模拟结果中当积炭与试验用流量计所测得流速具有很
好的一致性，验证了模拟结果的准确性。

2. 论文内容（摘录）

Research on the simulation of flow field of organic heat carrier furnace based on FLUENT

PENG Xiao-lan，YIN Xian-hua

1 MATHERMATICAL MODELS AND CONDITIONS

1.1 *Mathematical models*

The geometric model for numerical simulations using the data in Figure 1, as
shown in table 1.

Table 1. Coil type organic heat carrier

Structure	Geometry/mm
Inner diameter	57
Wall thickness	3.5
Height	1000
The outer wall of radiation center distance coil	648.5

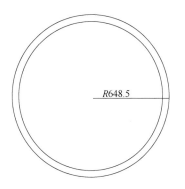

Figure 1.　Coil model

⊖　资助项目：质检公益性行业科研专项。

1.2 *Conditions and parameters*

Boundary type, initial conditions such as table 2.

Table 2. Organic heat carrier furnace condition

Conditions	Mediu/m	Outlet pressure/ MPa	Entrance temperature/K	Radiation density/ (W/m²)
Fluid numerical	L- QB 320	0	553	0. 06

While the simulation physical parameter meter are shown in table 3. Verified more than 100 DEG C kinematic viscosity changes a little, can't consider the influence of temperature.

Table 3. Physical parameter value

Parameter	Steel pipe	Medium	Carbon
$\rho/(\text{kg} \cdot \text{m}^{-3})$	8030	889	1500
$c/[\text{J} \cdot (\text{kg} \cdot \text{s})^{-1}]$	502. 48	2841	2600
$\lambda/[\text{W} \cdot (\text{m} \cdot \text{K})^{-1}]$	16. 27	0. 448	0. 048
$\mu/(\text{mm}^2 \cdot \text{s}^{-1})$ (40℃)	Solid	Liquid 35. 50	Solid

2 RESULT ANALYSIS

The simulation of organic heat carrier furnace structure for coil type structure, and can only simulate the coil 3/4, without considering the influence of gravity, the medium metamorphism and chemical reaction, the heating coil inside the conditions: the radiation heating surface average heat flux density 0. 06MW/m², lateral to the insulating layer, distribution inside the coil organic heat carrier medium flow field temperature the pressure, velocity, etc. .

2. 1 *Analysis and entrance velocity effect on themedium flow field*

1. When no carbon deposition layer ($c = 0$mm), influence of different entrance velocity of medium temperature field.

When the organic heat carrier furnace without carbon deposition layer, entrance velocity are respectively 0. 5m/s, 1. 5m/s flow and temperature, pressure, velocity distribution are shown in Figure 4, shown in Figure 5 (among them the letter a stands for the temperature field, velocity field, the letter B stands for the letter C stands for the pressure field distribution.

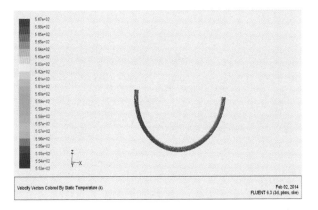

Figure 2　$c = 0$mm, simulation of temperature field panorama 0. 5m/s

From figure 2. when $c = 0$mm, mouth ends temperature comparison import and Simulation of temperature field in the panorama $= 0. 5$m/s, Medium from the entrance to the exit temperature are as follows: the radiation surface elevation of 6K, the middle of elevated 4K, heat preservation layer did not rise. The overall import temperature of 553K, the outlet temperature is 567K, the maximum temperature rise of 14K/semi circle (for steel pipe wall), the middle part of main medium is about 4K/semi circle, the overall warming, warming faster, and the heating is not uniform.

From figure 3A. when $c = 0$mm, two ends of the temperature contrast of import and export simulated temperature field panorama $v = 2. 0$m/s, medium from the entrance to the exit temperature are as follows: the radiation surface elevation of 4K, the middle of elevated 1K, heat preservation layer did not rise. The overall import temperature of 553K, the outlet temperature of 562K, temperature 9K/ maximum half circle (for steel pipe wall), the middle part of main medium is about 1K/ semi circle, the overall warming is not particularly evident, warming up slowly, and the temperature is uniform.

Figure 2. and 3. shows that, when $c = 0$mm, $v = 1. 5$m/s, organic heat carrier heating coil pipe is $c = 0$mm, $v = 0. 5$m/s is more slow, more uniform, easy to coke. But when $c = 0$mm, $v > 1. 5$m/s or flow rate is higher, according to the simulation, iterative equation can not converge, that at this time due to medium velocity is too fast, the steel tube also not heating of the medium in the pipes, medium have been gone away (or slower heating, can not meet the need of production); so the simulation without solution.

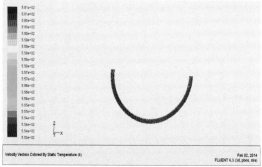

Figure 3A. when $c = 0$mm, simulation of temperature field in the panorama v = 1. 5m/s

2. $c = 0$mm, velocity1. 5m/s,

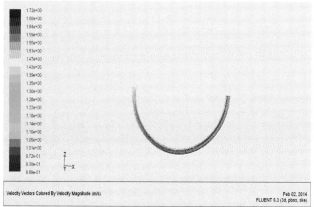

Figure 3B. $c = 0$mm, $v = 1. 5$m/s, field distribution of medium outlet velocity

As can be seen from figure 5b, when no carbon deposition layer ($c = 0$mm) , $v = 1. 5$m/s, the coil pipe heat organic carrier velocity distribution has the following characteristics:

① By organic heat carrier pipe wall on both sides of the slow velocity of flow, especially the radiant tube wall side is more obvious;

② Organic heat carrier flow velocity in the tube from the pipe wall to the center of the tube increases gradually, because of the turbulent layer radiation heat radiation side than the insulating side of the larger region of turbulent layer;

③ Near the radiant tube wall, laminar and turbulent flow at the junction, close to the maximum velocity of organic heat carrier medium;

④ Close to the color of radiant tube wall One w region of the display can be seen, there is organic heat carrier velocity direction of individual local changes, and even return, but a very small proportion;

3. When no carbon deposition layer ($c = 0$mm), $v = 1.5$m/s, a medium outlet pressure field distribution

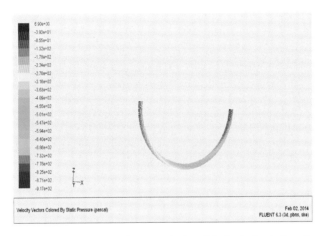

Figure 3C. no carbon deposition layer, velocity of 1.5m/, simulation of pressure field panorama

When the organic heat carrier furnace coil without carbon deposition layer, and the velocity of 1.5m/s when the pressure field simulation result analysis as follows:

1) Increased gradually from the entrance to the exit pressure field coil;

2) The same coil section radiation from the surface to the insulation level pressure decreases gradually;

2.2   *Product analysis of carbon after the medium flow field*

When the organic heat carrier furnace carbon layer is 8 mm, entrance velocity are respectively 0.5m/s, 0.8m/s, 1.0m/s, flow rate, pressure, temperature distribution; to find the best velocity, flow rate is too low to overheating, the flow rate is too high, low thermal efficiency.

1. $c = 8$mm, $v = 1.5$m/s, a medium outlet temperature

The carbon layer is 8 mm ($c = 8$mm), $v = 1.5$m/s, a medium outlet temperature distribution panorama can be seen: due to the carbon deposition layer is equivalent to no heat transfer medium, so the simulation simulation product thermal conductivity of carbon layer medium only organic heat carrier medium 1/10, so the carbon layer is equivalent to a insulation material 8 mm, the radiation from the furnace heat up over files in carbon deposition layer outside, a square area of carbon steel pipe outer layer is abruptly heated temperature even overheating, the highest temperature to 5000 DEG

C. From the simulation indicates: carbon can easily lead to overheating boiler tubes explosion.

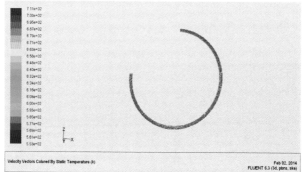

Figure 4A. $c = 8$mm, 1. 5m/s, a medium outlet temperature distribution panorama

2. $c = 8$mm, $v = 1. 5$m/s, a medium outlet velocity

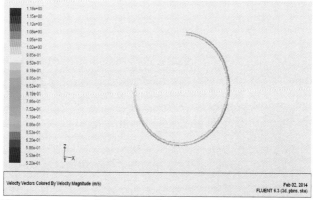

Figure 4B. $c = 8$mm, $v = 1. 5$m/s, a medium outlet velocity distribution panorama

From the above 4B can be seen: the organic heat carrier furnace coil by radiation surface with flow and regional radiation medium, steady flow and recirculation zone gradually widened, but the mainstream media inside the coil are basic and entrance velocity is kept low speed and direction consistent flow.

3 SUMMARY

(1) Analysis on the deviation of the simulated conditions and the actual situation: the simulation is a simulation of the single factor, in essence, is the effect of each factor cross. For example, increased carbon layer thickness of organic heat carrier fluid

film will cause temperature rise, also led to the two reaction and deterioration rate increase. The actual when the tube wall has the formation of carbon deposition, the pipe wall roughness will increase, not considering the influence of roughness of this simulation.

(2) With the increase of carbon layer thickness, organic heat carrier velocity is slow, especially when the carbon layer is 8mm, the carbon layer thickness is not allowed; finally, according to the analysis of the simulation results obtained carbon layer thickness increases, velocity variation relations impact, on the flow field and leakage, and on this basis, put forward effective measures and methods for the prevention of organic heat carrier furnace accident.

Thanks for fund Project: quality inspection nonprofit industry research special.

4　Reference

[1] Zhang Zhixiang, Wang Yungang. Numerical simulation and experimental verification of the heat transfer characteristics of Zhao Qinxin. H type finned tube [J]. Power engineering, 2010, 30 (5): 368-377.

[2] Wang Juan, Jiang Hua, et al. Study on numerical simulation and delay coking heating furnace burning turbulence flow [J]. Acta petrolei Sinica (petroleum processing section), 2004, 20 (6): 58-62.

[3] Zheng Zhiwei. Simulation and optimization of heating furnace based on FLUENT [D]. China University of Petroleum, 2010, 5.

[4] Fu Lei, pay the lea, Tang Kelun. et al. The tube shell type heat exchanger shell FLUENT Journal of research on Numerical Simulation of [J]. process based on the flow field of Sichuan University of Science and Engineering, 2012, 25 (3): 17-21.

[5] Summer Guoquan. Electric heating boiler of organic heat carrier flow in a three dimensional model of industrial boiler based on [J]. numerical study, 2009 (6): 23-25.

[6] Sun Chunsheng, Chen Zhigang, Xiao Yantong, et al. Analysis of the flow field of [J]. industrial boiler, organic heat carrier boiler coil within the 2010 (3): 17-21.

[7] Zhao Qinxin. The organic heat carrier furnace technology and its development [J]. industry boiler, 2004, (1): 24-30.

[8] Niu Weifei, Wang Zejun, Huang Changhe. The organic heat carrier furnace coil acoustic emission detection technique of [J]. nondestructive testing, 2007, 31 (1): 17-20.

[9] Gu Weili, Wang Hanqing, Kou Guangxiao. Reynolds number method to prevent the [J]. Energy saving analysis of type organic heat carrier furnace organic heat carrier overheating theory 2007, 302 (9): 10-12.

[10] Ancient new. Shell and tube heat exchanger and Numerical Simulation Research on sideling flow heat exchanger [D]. Zhengzhou University, 2006, 12.

[11] Zhang Peng. simulation of flow and mass transfer characteristics of fluid under pressure of the structured packing tower and its computational fluid mechanics [D]. Tianjin：Tianjin University，2002.

[12] GU Xin, Dong Qiwu, Wang Ke, et al. Three kinds of shell and tube heat exchanger of heat transfer and flow resistance of comparative study of [J]. China of mechanical engineering, 2012, 23.

6.5 有机热载体炉事故与积炭检测技术发展[一]

1. 概述

该文结合国内近十年有关有机热载体炉火灾事故原因及预防措施、有机热载体炉积炭检测的相关研究，阐述了有机热载体炉火灾事故的主要形成原因，并指出进行有机热载体炉积炭厚度检测是今后加强预防有机热载体炉火灾的新措施，提出了一种基于水平剪切导波的积炭层厚度检测新方法。

有机热载体炉是以煤、油、燃气、电为能源，以有机热载体（俗称导热油、热媒油）为介质的能源转换设备，运行时，利用循环油泵，强制有机热载体通过供热系统进行液相循环（气相炉是利用密度差进行自然循环），将热能输送给用热设备后，再返回炉内重新被加热。有机热载体炉因其具有低压、高温等特点，近几年来，随着我国经济的发展，得到广泛应用，数量越来越多。但是由于较高的运行温度会加速有机热载体的降解从而形成受压件内壁积炭甚至导致管壁鼓包泄漏，最终导致火灾。因此，积炭是有机热载体炉的运行大敌，如何检测和控制有机热载体炉的积炭是一个很值得研究的课题。

据调查，全国有机热载体炉生产厂家有近70家，生产的和全国在用的有机热载体炉3/4以上为液相炉，故本文重点分析运行中的液相有机热载体炉事故并探讨积炭控制与检测方法。

2. 论文内容（摘录）

有机热载体炉事故与积炭检测技术发展

彭小兰　吴超　殷先华

1 有机热载体炉事故统计与原因分析

有机热载体炉的主要危险是火灾。有机热载体一旦从有机热载体炉供热系统泄漏，由于自身温度很高，又接触火焰或接近火焰，就会被点燃或自燃，造成火灾。另外，有机热载体炉也会因有机热载体带水等原因，而发生爆炸事故。

○　资助项目：质检公益性行业科研专项。

结合文献［1］中的近年来国内有机热载体炉事故案例汇总表可知：有机热载体炉事故少则数万元经济损失，大则 1~3 人死亡，1~15 人重伤，所以有机热载体炉火灾事故的分析研究十分迫切。通过详细查阅国内近十年有机热载体炉火灾事故相关技术论文，火灾原因及预防措施汇总见表1。

表1　国内近十年有机热载体炉火灾事故相关技术论文统计（2000~2012 年）

作者	时间	文献形式	火灾原因	预防措施	文献序号
江南	2001	论文	① 油质不佳，残碳超标形成积炭 ② 超温，流速过低形成积炭 ③ 泄漏引起火灾 ④ 停电时引起火灾	① 化验导热油 ② 加强管理与检查	［2］
吴涓	2002	论文	① 导热油质量问题 ② 循环泵扬程不够	① 化验导热油 ② 更换循环泵	［3］
胡洪，余笑枫	2005	论文	各辐射管流速分配不均匀导致有机热载体超温积炭	更改结构设计	［4］
史文彬	2005	论文	① 膨胀器安装位置不符合要求 ② 热油泵流量、扬程等不符合要求 ③ 未考虑管网热膨胀量补偿 ④ 热试车过程和运行中按未升温曲线逐步升温	① 膨胀器的安装位置应符合规定 ② 热油泵流量、扬程等和锅炉容量匹配 ③ 考虑管网热膨胀量补偿 ④ 热试车过程和运行中按升温曲线逐步升温	［5］
张煜民	2005	论文	① 安装时两台有机炉共用一根有机热载体循环管道 ② 导热油品质不合格而又未定期进行化验形成积炭	针对热载体在循环管路与膨胀槽之间流动的原因上进行分析并采取措施，就能有效地解决膨胀槽超温的问题	［6］
李君平，刘振南，马言	2006	论文	① 导热油变质 ② 法兰连接、焊接质量、密封存在问题导致泄漏 ③ 安全联锁保护及安全附件不齐、失灵	① 控制导热油温度和流速并定期化验 ② 检查保护装置 ③ 加强运行管理	［7］
张海田	2007	论文	① 管子结构原因引发流速偏低从而导致管子过热泄漏 ② 导热油混用形成积炭 ③ 导热油闪点、酸值超标导致积炭	① 加强检验质量把关 ② 严禁混用 ③ 控制化验指标	［8］

作者	时间	文献形式	火灾原因	预防措施	文献序号
常静，李建业等	2007	论文	蛇形管位置不当（结构原因）导致磨损爆管泄漏	蛇形管增加防磨片和防磨措施	[9]
张丽芬	2008	论文	① 有机热载体变质形成积炭 ② 循环泵不配套 ③ 法兰连接、焊接质量、密封存在问题 ④ 溶解气体或水分分离出来，造成超压和爆沸事故 ⑤ 安全附件不齐、失灵	① 控制焊接质量 ② 化验导热油 ③ 装过滤器 ④ 避免氧化 ⑤ 控制流速温度 ⑥ 停电保护	[10]
闫怀林，郭兴平	2008	论文	① 循环油泵的阀门和循环油泵电机的停止按钮不能同步操作导致倒流 ② 法兰失去密封	改油泵电机阀门，增设单向阀	[11]
刘景新，赵斌，赵静	2009	论文	① 设计违规，未见设计图样，且无制造许可证 ② 有严重的焊接缺陷 ③ 操作人员无证，不懂操作	① 设计严格按国家法规和标准 ② 按工艺文件焊接并检验 ③ 操作人员必须持证上岗	[12]
俞杨	2009	论文	① 低位油槽储油不当 ② 操作不当	① 须持证上岗 ② 加强管理	[13]
邓广新	2009	论文	导热油变质引发流速偏低从而形成积炭	① 增大循环热油泵的流量 ② 定期化验有机热载体	[14]
丁宏辉，聂敬鹏，宝山	2010	论文	① 导热油含有水分 ② 违规操作	① 定期化验导热油 ② 加强管理	[15]
宋杰书	2010	论文	① 混入大量的水和空气 ② 对事故前期症状的认识不足	① 排除水分和挥发物 ② 记录各点上的压力表、温度表数据	[16]
张友健	2010	论文	① 空气、水分的进入 ② 自动控制系统失效 ③ 未控制导热油的指标	① 化验有机热载体 ② 检查泄漏情况	[17]
王春敏	2012	论文	① 循环泵失电连锁坏 ② 膨胀器安装不合理 ③ 循环泵功率偏小	有机热载体炉的系统结构应符合规程要求	[18]

由表1可知，有机热载体炉事故原因主要有直接原因和间接原因两种：①直接原因包括由于间接原因导致有机热载体超温变质[2,4,6,8,10,14]或管内流速降低[1]等从而形成积炭最终导致爆管泄漏引发火灾事故。②间接原因包括设计结构原因[4,9,12]、产品质量原因[7]、安装质量原因[6,7]、有机热载体质量[6,7,8,15,16,17]、循环泵不匹配[3,10,14,18]、焊接质量[10,12]、安全附件质量[7,10,18]等引发管子或法兰[7,11]等泄漏、渗漏，同时由于疏于管理和司炉工缺少运行操作知识技能[12,13,15,16]等原因导致泄漏事故引发火灾。

从表1还可以看出，有机热载体炉火灾事故的原因通常不止一个且一般有多个，既有结构设计、有机热载体质量、循环泵匹配性、焊接质量等技术上的原因，又有未进行有机热载体化验、未按升温曲线操作或不懂操作知识等管理上的原因，最终导致形成积炭。而积炭如果不能及时检测出来，往往会导致火灾事故的发生。因此，特种设备检测机构如何检测出积炭层厚度对火灾的预防尤为关键。

2 有机热载体炉积炭及其厚度检测、控制技术国内进展

形成积炭的主要机理是高温有机热载体在系统循环中会产生黏糊状的胶质，若有一小部分胶质附着在炉管内壁，就容易形成积炭。质量好的有机热载体胶质能悬浮于油中，在循环过程中可通过过滤器将部分胶质滤掉。另外，在有机热载体循环过程中，若有空气渗入易发生降解和聚合作用形成低沸物和高沸物。低沸物可以通过高位槽排到大气中，而高沸物可以溶解在有机热载体中。如果高沸物在有机热载体中的溶解度达到过饱和状态，高沸物就会黏附在管内壁，这是积炭的又一原因。再有，有机热载体运行温度超过其设计温度时往往引起自催化热分解，也能导致管内积炭。工艺物料泄漏进入有机热载体系统形成腐蚀产物，以及大修中带入的杂质污染也会促使管内壁发生积炭。积炭主要由蜡质、胶质、焦质、沥青、碳化物、炭粉、硫化铁、氧化铁、无机盐、有机聚合物、催化剂等组成。

由于积炭是非传热物质，当有机热载体炉炉管壁沉积10mm厚的积炭时，炉管内外壁温差达300℃以上，也就是说当炉管内壁有机热载体温度为300℃时，炉管外壁温度将达到600℃以上，使得需要更高的炉膛温度才能满足热量传递的要求，从而导致炉管过热。炉管内有压力，容易在炉管上产生鼓包，继续加热，受压鼓包开裂并漏油，遇到火源即燃烧，这是有机热载体炉失火的主要原因。

因此，监测和控制有机热载体炉炉管积炭是保证有机热载体炉安全运行的重要手段，除了尽力减少间接原因直接导致的受热面积炭外，更要加强对积炭的检测和控制。我们查阅了近10年（2000～2012年）国内有机热载体炉积炭及有关厚度检测、控制技术方面的相关论文，统计分析结果见表2。

表 2　有机热载体炉积炭及有关厚度检测、控制技术国内进展情况

作者	时间	文献形式	积炭原因与机理	检测、控制方法	备注	文献序号
李峰，杨道明	2001	论文	① 有机热载体流速偏低 ② 有机热载体控制温度过高	—	—	[19]
赵钦新	2004	论文	① 导热油氧气暴露太多 ② 导热油操作温度偏高 ③ 膨胀油箱工作温度偏高	① 监测热载体中固体颗粒浓度 ② 在线监测壁温	只有建议，无具体测量方法、设备	[20]
胡洪，余笑枫	2005	论文	管壁超温，管内停滞的有机热载体因超温加速氧化分解、质量性能变差从而结焦	理论计算雷诺数，改设计、改结构	停留在设计改造	[4]
牛卫飞，王泽军，黄长河	2007	论文	盘管长期处于高温炉膛中，其外表面积垢严重，且这些积垢往往烧结在盘管上，导致管内有机热载体过热从而形成积炭	将声发射传感器合理固定在锅炉盘管上，能够对盘管缺陷和分布进行动态的整体的探测	须停炉排空有机热载体且不能检测积炭层厚度	[21]
顾炜莉，王汉青，寇广孝	2007	论文	有机热载体流速、粘度和炉管管径大小是形成积炭的三因素	以雷诺数作为控制指标，来防止有机热载体过热和结焦	停留在理论分析上	[22]
Hui dong Gao，Joseph L. Rose	2009	论文	冰层形成机理	用电磁超声传感器EMAT 的剪切波检测	局限机翼冰层检测	[23]
朱宇龙，赵辉，青俊	2010	论文	有机热载体在高温下发生裂解、聚合等化学反应的结果	有机热载体热稳定性热重差热分析评定、炉管壁温红外成像测量技术和管壁结焦流动传热数学模型构建	只有模型，无具体测量方法、设备	[1]
何存富，郑阳	2010	专利	—	利用对板层表面附着物敏感的 SH 波检测工业锅炉水垢厚度	适用水垢层检测，不能检测积炭层	[24]
李扬，吴斌	2012	硕士论文	—	当钢板表面附有积炭层时，提取钢板—积炭层 SHO 模态群速度频散曲线，绘制出附着层厚度变化时最低群速度频率点以及高、低频附着层厚度与群速度对应曲线	仅有理论分析，无试验研究及设备	[25]

由表2可以看出：有机热载体炉积炭厚度的检测国内绝大多数还是集中在理论方法建议和模型探索上[20-22]；有些方法须停炉排空有机热载体，而且只能监察装水施压时的情况，不能测出具体积炭厚度[22]；另外有些附着物检测方法局限运用在工业锅炉水垢层检测[24]或飞机机翼薄冰层[28]上；还有一些虽然提出用来检测有机热载体炉积炭层厚度，但并未具体分析积炭层原理、积炭层参数等与检测设备的耦合[25]。

3 有机热载体炉积炭检测技术开发

针对有机热载体炉运行时无法在线检测积炭厚度的问题，本文提出一种基于超声导波的有机热载体炉积炭厚度测量方法并搭建了一套检测积炭厚度的系统。

3.1 检测原理

首先基于积炭层与炉管壁组成的双层结构，建立频散方程，求解超声导波在此种双层结构中的频散曲线；通过对频散曲线的分析，确定适宜的检测频段，并绘制出低阶超声导波群速度-积炭层厚度、截止频率-积炭层厚度、衰减曲线-积炭层厚度三类曲线；最后根据已有的经验曲线，求解对应的积炭层厚度。

3.2 实验装置

检测系统主要由便携式计算机、信号发生与采集板卡、功率放大器、函数发生器、电磁超声传感器EMAT和前置放大器组成，如图1所示。

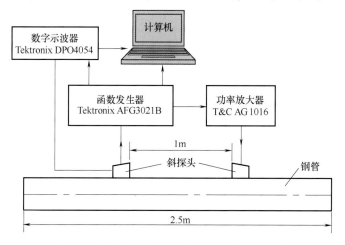

图1 有机热载体炉积炭检测实验系统示意图

3.3 初步实验研究及论证

以Disperse软件建立L模态在管道-积炭层双层结构中的波动模型，从有机热载体炉管中取样，材料为20钢，内径50mm，壁厚3.5mm，选取石墨（化学成分为碳，与普通积炭层的成分相近）作为积炭层，对于积炭层的厚度选取为

0mm、1mm、1.5mm、2mm、2.5mm、3.5mm。钢管和石墨的声学参数见表3。在有机热载体炉积炭检测中，通过判断超声导波的群速度来确定其相应的模态。

表3 材料特性参数

材　　料	密度 ρ /(g·cm^{-3})	纵向波速 c_l/(m·ms^{-1})	横波波速 c_s/(m·ms^{-1})
石墨	1.870	1.624	2.689
20号钢	7.850	5.943	3.177

通过初步实验研究证明：在相同频率下，随着积炭层厚度的变化，纵向导波 L（0，2）模态的群速度也会发生相应变化。在一些频率变化的区间内，群速度的变化随着频率的变化单调变化且变化较大。如提取出 L（0，2）模态群速度与频率对应的数据点，进行曲线拟合得到 1.122 MHz 和 260 kHz 时的 L（0，2）模态群速度与频率的对应曲线，如图2所示。

从图2可以看出，当检测频率为 1.122 MHz 时，L（0，2）模态的群速度在积炭层厚度为 0～2.3mm 时具有较好单调性。当检测频率为 260kHz 时，L（0，2）模态的群速度在积炭层厚度为 2.3～3.5 mm 时具有较好的单调性，高低两个频率可以在积炭层厚度检测中互补，因此特定频率下的群速度变化可作为管道-积炭层双层结构中积炭层厚度检测较为理想的表征参数。

3.4　重点研发工作

有机热载体炉积炭层厚度超声导波检测系统的建设重点在于进行超声导波检测试验影响因素研究，同时开发有机热载体炉积炭厚度超声导波测量分析软件。软件主要功能包括：①采集来自前置放大器的信号，并存储显示；②对接收信号进行相应的分析处理，提取典型特征量；③进行描频测试，并绘制三类曲线；④根据已有的经验曲线，求解对应的积炭层厚度，并给出标准形式的测验报告。

4　总结

本文统计分析了国内有机热载体炉火灾事故原因及与积炭检测技术相关的研究成果，指出引发火灾的关键原因是积炭，并提出了一种基于水平剪切导波的积炭层厚度检测方法，阐述了其检测原理，根据其检测原理搭建了整套检测系统，并进行了初步研究和论证：当检测频率为 1.122 MHz 时，L（0，2）模态的群速度在积炭层厚度为 0～2.3 mm 时具有较好的单调递减特性；当检测频率为 260kHz 时，L（0，2）模态的群速度在积炭层厚度为 2.3～3.5 mm 时具有较好的单调递减特性；高低两个频率可以在积炭层厚度检测中互补。这为下一步进行基于超声导波的有机热载体炉积炭检测技术和系统的研发奠定了基础。

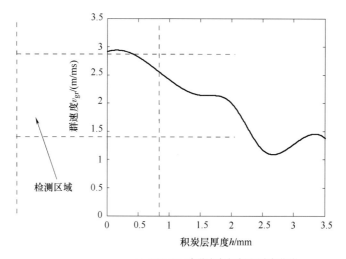

a)1.122MHz时群速度与频率对应曲线

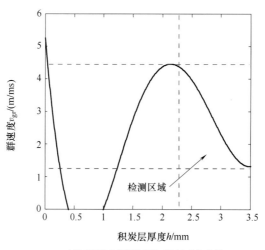

b)260kHz时群速度与频率对应曲线

图2　有机热载体积炭层检测厚度与超声导波群速度的对应关系

参考文献

[1] 朱宇龙，赵辉，青俊.基于结焦机理的有机热载体炉炉管在线寿命评估系统研究［J］.
工业锅炉，2010（5）：17-20.

[2] 江南.导热油锅炉火灾及预防［J］.火灾，2001（7）：16.

[3] 吴涓.有机热载体锅炉系统故障分析及改进措施［J］.工业锅炉，2002，74（4）：
45-46.

[4] 胡洪，余笑枫. 有机热载体炉辐射管泄漏原因分析及预防措施 [J]. 工业锅炉，2005
(4)：54-57.

[5] 史文彬. 有机热载体炉安装使用应注意的问题 [J]. 工业锅炉，2005 (6)：53-56.

[6] 张煜民. 有机热载体炉膨胀槽超温现象的分析 [J]. 工业锅炉，2005 (3)：46-47.

[7] 李君平，刘振南，马言，等. 有机热载体炉常见事故产生的原因及对策 [J]. 装备制造
技术，2006 (3)：90-91.

[8] 张海田. 一起有机热载体爆管事故的原因分析 [J]. 工业锅炉，2007 (3)：56-58.

[9] 常静，李建业，张葵东. 一起有机热载体炉爆管事故浅析 [J]. 工业锅炉，2007 (1)
60-61.

[10] 张丽芬. 有机热载体炉存在的问题及安全控制措施 [J]. 中小企业管理与科技，2008
(11)：216-217.

[11] 闫怀林，郭兴平. 一起有机热载体炉着火事故分析与对策 [J]. 工业锅炉，2008 (1)：
51-54.

[12] 刘景新，赵斌，赵静. 影响有机热载体炉安全性的因素分析 [J]. 工业炉，2009 (3)：
25-27.

[13] 俞杨. 两起有机热载体炉喷油火灾事故的分析 [J]. 江苏安全生产，2009 (12)：
37-38.

[14] 邓广新. 有机热载体锅炉受热面管过热变形分析 [J]. 沿海企业与科技，2009 (10)：
31-32.

[15] 丁宏辉，聂敬鹏，宝山. 有机热载体炉的危险因素分析及对策 [J]. 内蒙古民族大学
学报，2010 (9)：61-62.

[16] 宋杰书. 一起有机热载体炉导热油喷出事故分析 [J]. 皮革科学与工程，2010 (2)：
73-74.

[17] 张友健. 液相有机热载体锅炉运行中的常见问题 [J]. 中国高新技术企业，2010
(21)：71-72.

[18] 王春敏. 有机热载体炉检验中容易忽视的问题分析 [J]. 科技信息，2012 (12)：364.

[19] 李峰，杨道明. 有机热载体加热炉结焦问题的原因分析与控制 [J]. 广东化纤，2001
(2)：52-56.

[20] 赵钦新. 有机热载体炉技术及其进展 [J]. 工业锅炉，2004 (1)：24-30.

[21] 牛卫飞，王泽军，黄长河. 有机热载体炉盘管声发射检测技术 [J]. 无损检测，2007，
31 (1)：17-20.

[22] 顾炜莉，王汉青，寇广孝. 雷诺数法防止盘管式有机热载体炉有机热载体过热的理论
分析 [J]. 节能，2007，302 (9)：10-12.

[23] Hui dong Gao, Joseph L. Rose. Ice Detection and Classification on an Aircraft Wing with Ultra-
sonic Shear Horizontal Guided Waves [J]. Transactions on Ultrasonics, Ferroelectrics, and
Frequency Control, vol. 56, no. 2, February 2009：334-344.

[24] 何存富，郑阳，吴斌. 基于 SH 波的工业锅炉水垢厚度检测系统及方法：中国，
201010159752. [P]. 2010-10-15.

[25] 李杨，吴斌. 储罐底板超声导波检测传感器研制及应用研究 [D]. 北京：北京工业大

学，2012.

[26] J. Ma. Scattering of the fundamental torsional mode by an axisymmetric layer inside a pipe. Journal of the Acoustical Society of America，2006（120）：1871-1880.

[27] J. Ma. Feasibility study of sludge and blockage detection inside pipes using guided torsional waves. Measurement Science and Technology，2007（18）：2629-2641

[28] J. Ma. Practical Considerations of Sludge and Blockage Detection Inside Pipes Using Guided Ultrasonic Waves. Quantitative Nondestructive Evaluate，2011（26）：136-143

[29] 吴斌，李杨. 水平剪切波在板表面附着物厚度检测中的应用［J］. 机械工程学报，2012，48（18）：78-85.

6.6　基于超声导波的有机热载体炉积炭检测技术[一]

1. 概述

积炭是有机热载体炉火灾发生的关键因素，为减少有机热载体炉火灾事故的发生，该文分析了国内有机热载体炉积炭检测技术、相关控制原理及检测方法的局限性，并提出一种基于超声导波的积炭层厚度检测方法。还搭建一套有机热载体炉积炭检测系统，通过试验提取不同厚度时对应超声导波的截止频率、跃迁频率和群速度这三个表征参数；同时对比这三个参数随积炭层厚度变化时的关系。结果表明：可用超声导波的群速度与积炭厚度的单调性变化规律来检测积炭层厚度，并通过空管中的群速度频散曲线的拟合试验论证该检测方法的可行性，指出后续工作的关键是开发此检测系统软件。

有机热载体炉[1]是以煤、油、燃气、电为能源，以有机热载体（俗称导热油、热媒、有机传热介质、热传导液）[2]为介质的能源转换设备。运行时，利用循环油泵，强制有机热载体通过供热系统进行液相循环（气相炉是利用密度差进行自然循环），将热能输送给用热设备后，再返回炉内重新被加热。高温有机热载体在系统循环时会产生黏糊状的胶质，若有一小部分胶质附着在炉管内壁，就容易形成积炭。由于积炭是非传热物质，当有机热载体炉炉管壁沉积 10 mm 厚的积炭时，炉管内外壁温差达 300 ℃以上，也就是说当炉管内壁有机热载体温度为 300 ℃时，炉管外壁温度将达到 600 ℃以上，即需要更高的炉膛温度，才能满足热量传递的要求，但这样会导致炉管过热。同时有机热载体的压力容易使过热失效的炉管鼓包、开裂并漏油，遇到火源即燃。因此，积炭是导致有机热载体炉火灾的关键因素，如何检测出有机热载体炉积炭厚度是一个锅炉检验中亟待解决的问题。

国外有机热载体炉检测方法主要停留在有机热载体的进、出口温度的监测，

　　㊀　资助项目：质检公益性行业科研专项。

但不能对某些传热不均部位进行监控。对有机热载体炉积炭厚度的检测，国内主要集中在理论方法建议和模型探索上[4,6,7,9]；有些方法须停炉排空有机热载体，局限于检查装水施压时的动态情况，不能测出具体积炭厚度[6]；另外，对某些附着物检测的方法局限运用在飞机机翼薄冰层[8]或工业锅炉水垢层检测[10]上；还有一些文献[11,12]虽然提出了检测有机热载体炉积炭层厚度的理论，但局限在板结构，实际有机热载体炉一般以管结构居多，且未具体分析积炭层参数与检测设备的耦合。

文章搭建了一套有机热载体炉积炭检测系统，研究了纵向导波 L（0，2）模态在管道-积炭层中厚度与特定频率下的群速度、截止频率和跃迁频率之间的关系，通过比较分析，最后选取特定频率下的群速度作为最直观、最有效的积炭层厚度表征参数，并通过空管试验验证了其可行性。

2. 论文内容（摘录）

基于超声导波的有机热载体炉积炭检测技术

彭小兰　吴　超

1　超声导波有机热载体炉积炭检测技术

1.1　积炭检测系统

有机热载体炉积炭检测系统主要由函数信号发生器、Ag1016 功率放大器、压电超声激励/接收传感器和待测空钢管组成。激励信号采用汉宁窗调制的 5 个周期的正弦信号，中心频率为 500kHz。激励和接收传感器采用入射角为 30°的斜入射式压电超声传感器，中心频率为 500kHz，分别布置于钢管的同一母线上。试验系统示意图如图 1 所示。

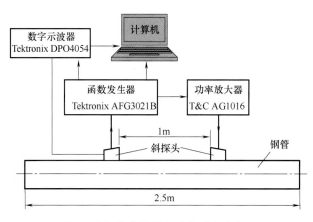

图 1　有机热载体炉积炭检测试验系统

1.2 积炭检测原理

以 Disperse 软件建立超声导波在管道-积炭层双层结构中的波动模型，在此，根据国家标准《有机热载体》[1]和《低中压锅炉用无缝钢管》[13]、选取内径 50 mm，壁厚 3.5 mm 的 20 号钢管作为研究对象，积炭层的化学成分与石墨类似，因此做频散计算时，利用石墨的声学参数代替积炭层，积炭层的厚度选取为 0 mm、1 mm、1.5 mm、2 mm、2.5 mm、3.5 mm。频散曲线中钢管和石墨的声学参数见表 1。

表 1　有机热载体炉管道的材料参数

材　　料	密度 ρ /(g·cm^{-3})	纵向波速 c_1 /(m·ms^{-1})	横波波速 c_s /(m·ms^{-1})
石墨	1.870	1.624	2.689
20 号钢	7.850	5.943	3.177

根据双层管道不同模态频散曲线[14]可知，在管道-积炭层双层结构中，各纵向导波 L 模态均表现除了较大的频散特性，呈现出较为复杂的情况。由于纵向导波 L（0，1）难以激励，高阶模态截止频率较高，因此不适合作为积炭层厚度的检测模态。以频率为 400 kHz 的 L（0，2）模态为例，从结构和能流分布可以看出[14]，L（0，2）模态在管道-积炭层双层结构中传播时的轴向位移较大，能量集中在管壁内部，该模态的能量在传播过程中损耗小，传播距离远。此外该模态截止频率较小且较易激励，因此，L（0，2）模态的频散特性最适合作为积炭层厚度的检测特征参数。

2　有机热载体炉积炭层厚度与超声导波参数的耦合

从管道-积炭层频散曲线系列中提取出不同积炭层厚度下的 L（0，2）群速度频散曲线可得到积炭层从 0 mm 变化至 3.5 mm 时，L（0，2）模态群速度频散曲线图，如图 2 所示。

2.1　群速度与积炭层厚度变化的关系

从图 2 可以看出，在相同频率下，随着积炭层厚度的变化，L（0，2）模态的群速度也会发生相应变化。在一些频率变化的区间内，群速度变化随着积炭层厚度变化呈现单调一致的规律，且变化较明显。如提取出时 L（0，2）模态群速度与频率对应的数据点，进行曲线拟合得到 1.122 MHz 和 260 kHz 时的 L（0，2）模态群速度与频率的对应曲线，如图 3 所示。

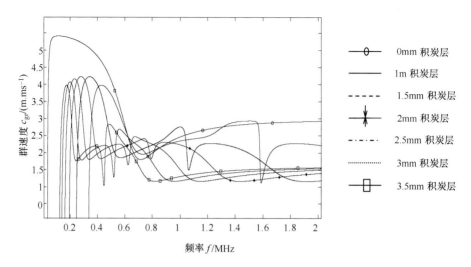

图2 不同积炭层管道内 L (0, 2) 的群速度频散曲线

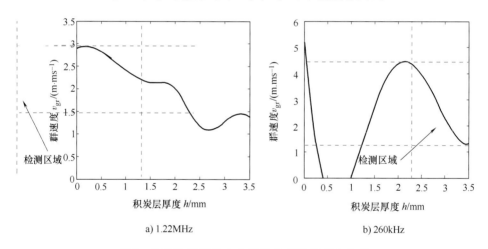

a) 1.22MHz

b) 260kHz

图3 2 种检测频率中积炭层与群速度变化曲线

从图3可以看出，当检测频率是 1.122MHz 时，L (0, 2) 模态的群速度在积炭层厚度为 0 ~ 2.3mm 时具有较好的单调递减特性。当检测频率为 260kHz 时，L (0, 2) 模态的群速度在积炭层厚度为 2.3 ~ 3.5mm 时具有较好的单调递减特性，高低两个频率可以在积炭层厚度检测中互补，因此特定频率下的群速度变化可以作为管道-积炭层双层结构中积炭层厚度检测较为理想的表征参数。

2.2 截止频率与积炭层厚度变化的关系

提取 L (0, 2) 模态在管道-积炭层双层结构中积炭层厚度和截止频率的对

114

应数据点，进行数据拟合后即可得到 L（0，2）模态截止频率随积炭层厚度的变化曲线，如图 4 所示。

从图 4 可以看出，当积炭层厚度为 0 ~ 0.6mm 时 L（0，2）模态的截止频率随着积炭层厚度的增加呈现单调递增的关系；当积炭层厚度为 0.6 ~ 3.5mm 时 L（0，2）模态的截止频率随着积炭层厚度的增加呈现单调递减的关系。但在积炭层厚度变化的整个区间积炭层厚度和 L（0，2）模态的截止频率并不是一致的单调性，截止频率随着积炭层厚度的变化呈现出非单调变化的特性。在实际应用当中，传感器的带宽往往受到限制，也进一步限制了将截止频率作为积炭层厚度检测表征参数的可能。

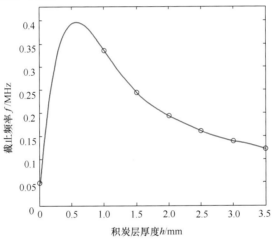

图 4　L（0，2）模态截止频率随积炭层厚度变化曲线

2.3　跃迁频率与积炭层厚度变化的关系

在纵向导波 L（0，2）模态的群速度频散曲线中提取不同厚度积炭层下 L（0，2）模态跃迁频率与积炭层厚度的对应数据点，进行曲线拟合则可以得到 L（0，2）模态跃迁频率随积炭层厚度的变化曲线，如图 5 所示。

由图 5 可以看出，L（0，2）模态的跃迁频率随着积炭层厚度的增加整体单调递减，积炭层厚度与跃迁频率保持了一定的线性关系，但局部（如积炭层厚度为 1.0 ~ 1.3mm 时）积炭层厚度与跃迁频率呈现非单调变化的关系。此外跃迁频率较高，均保持在 3MHz 以上，制作带宽如此之大的传感器十分困难，因此跃迁频率也不适合用于检测管道-积炭层结构中积炭层的厚度。

2.4　小结

1）上述试验研究了不同积炭层厚度条件下 L（0，2）模态在管道-积炭层双层结构中积炭层厚度与特定频率下的群速度、截止频率和跃迁频率之间的关系，分析了截止频率和跃迁频率与积炭层厚度不呈很好的单调性变化，同时跃

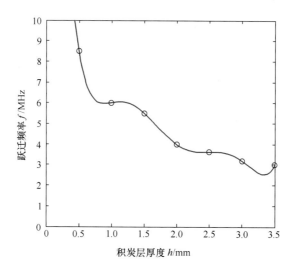

图5　L（0，2）模态跃迁频率随积炭层厚度变化

迁频率的带宽太大，故不能将截止频率和跃迁频率作为检测积炭层厚度的特征参数。试验验证了群速度随积炭层厚度变化的单调递减特性，因此特定频率下的群速度变化可以作为管道-积炭层双层结构中积炭层厚度检测较为理想的特征参数。

2）先采用检测频率 $f_H = 1.122\,MHz$ 时进行检测，即激励信号及斜入射式压电超声传感器的中心频率均等于 f_H，由激励波形与接收波形的时间差 Δt，以及波传播距离 s，可以求得群速度，与不同积炭层厚度情况下的此模态的群速度曲线图对比，若得到的群速度对应的厚度小于临界厚度，说明此时积炭层厚度较薄，则所测厚度即为积炭层厚度；如果检测得到群速度在临界厚度内无对应值，则需换用低频斜入射式压电超声传感器检测频率 $f_L = 260\,kHz$ 按照以上方法重新进行检测，得到积炭层厚度。

3　群速度的空管试验结果

空管试验中接收到的信号具有较好的信噪比，将接收信号的幅值归一化处理后进行短时傅里叶变换得到图6a。将傅里叶变化后的信号与频散曲线叠加即得到图6b。

从图6b可以看出，接收信号的短时傅里叶变化与L模态在空钢管中的群速度频散曲线在500kHz时保持了较好的耦合性，说明该试验成功激励出了特定频率下的 L（0，2）模态。以差值法得到的群速度为4124.1m/s，与理论值4203m/s的相对误差为1.88%。因此在空管中试验结果与理论结果相符，进一步表明以群速度检测钢管内壁积炭层厚度具有较好的可行性。

116

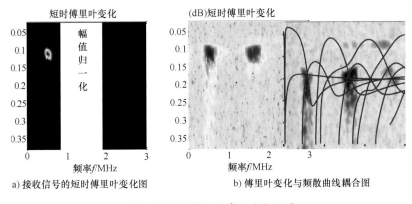

a) 接收信号的短时傅里叶变化图　　　　b) 傅里叶变化与频散曲线耦合图

图6　接收信号短时傅里叶变化图

4　结论

1) 分析了截止频率与积炭层厚度不呈单调性一致变化，不能用来作为检测积炭层厚度的特征参数；虽然跃迁频率与积炭层呈现一定的单调一致性，但是跃迁频率较高，均保持在3MHz以上，制作带宽如此大的传感器困难，故跃迁频率也不能作为检测积炭层厚度的特征参数。

2) 当检测频率是1.122MHz时，L (0, 2) 模态的群速度在积炭层厚度为0~2.3mm时具有较好的单调递减特性。当检测频率为260kHz时，L (0, 2) 模态的群速度在积炭层厚度为2.3~3.5mm时具有较好的单调递减特性，高低两个频率可以在积炭层厚度检测中互补，因此，特定频率下的群速度变化可以作为管道-积炭层双层结构中积炭层厚度检测较为理想的特征参数。

3) 在空管中试验结果进一步表明以群速度检测钢管内壁积炭层厚度具有较好的可行性。

后续拟设计专用中心频率的传感器并优化信号处理方法，对钢管内壁附着积炭层模拟物进行理论验证，并进行超声导波检测试验影响因素研究，同时开发有机热载体炉积炭厚度超声导波测量分析软件。软件主要功能应包括：采集来自前置放大器的信号，并存储显示；对接收信号进行相应的分析处理，提取典型特征量；进行描频测试，并绘制三类曲线；根据已有的经验曲线，求解对应的积炭层厚度，并给出标准形式的检测报告。

5　致谢

感谢湖南省特种设备检验检测研究院的殷先华总工程师，北京工业大学的何存富教授、焦敬品教授、刘增华教授和张学聪博士，中国特种设备检测研究院郑阳博士在论文的完成过程中提供的指导和帮助。

117

参考文献

［1］ 中国石油化工股份有限公司石油化工研究院，等.GB/T 23971—2009 有机热载体［S］.
北京：中国标准出版社，2009.

［2］ 常州能源设备总厂有限公司，等.GB/T 17410—2008 有机热载体炉［S］.北京：中国标准出版社，2008.

［3］ 李峰，杨道明.导热油加热炉结焦问题的原因分析与控制［J］.广东化纤，2001（2）：52-56.

［4］ 赵钦新.有机热载体炉技术及其进展［J］.工业锅炉，2004，83（1）：24-30.

［5］ 胡洪，余笑枫.有机热载体炉辐射管泄漏原因分析及预防措施［J］.工业锅炉，2005，92（4）：54-57.

［6］ 牛卫飞，王泽军，黄长河.有机热载体炉盘管声发射检测技术［J］.无损检测，2007，31（1）：17-20.

［7］ 顾炜莉，王汉青，寇广孝.雷诺数法防止盘管式有机热载体炉导热油过热的理论分析［J］.节能，20072（9）：10-12.

［8］ GAO Hui-dong, Joseph L. Rose. Ice detection and classification on an aircraft wing with ultrasonic shear horizontal guided waves ［J］. IEEE Transactions on Ultrasonics, Ferroelectrics, and Frequency Control, 2009, 56（2）：334-344.

［9］ 朱宇龙，赵辉，青俊.基于结焦机理的有机热载体炉炉管在线寿命评估系统研究［J］.工业锅炉，2010（5）：17-20.

［10］ 何存富，郑阳，吴斌.基于SH波的工业锅炉水垢厚度检测系统及方法：中国，201010159752.［P］.2010-10-15.

［11］ 吴斌，李杨.水平剪切波在板表面附着物厚度检测中的应用［J］.机械工程学报，2012，48（18）：78-85.

［12］ 李杨，吴斌.储罐底板超声导波检测传感器研制及应用研究［D］.北京：北京工业大学，2012.

［13］ 鞍钢股份有限公司，等.GB 3087—2008 低中压锅炉用无缝钢管［S］.北京：中国标准出版社，2008.

［14］ 刘增华，何存富，吴斌，等.利用斜探头在管道中选取纵向模态的实验研究［J］.工程力学，2009，26（3）：246-250.

6.7 突变级数法在锅炉煤质结渣预测中的应用[⊖]

1. 概述

该文提出了一种基于突变级数理论的锅炉煤质结渣分级的预测方法。首先

⊖ 资助项目：质检公益性行业科研专项。

介绍了突变级数法的基本思想和分析步骤，在找出影响锅炉煤质结渣分级的主要因素之后，对各因素进行排序，并确定各因素指标体系，最后，求出各样本的突变级数，对锅炉煤质结渣等级进行划分。通过工程实例可见，本文方法对锅炉煤质结渣分级的预测有效性较高，并且更体现出客观性较强、定量化程度较高，计算简单的比较优势，应进一步完善并加以推广。

锅炉受热面结渣严重影响锅炉运行的安全性、经济性和可靠性。因此，锅炉煤质结渣特性的准确判断和及时预报是锅炉安全方面的重要工作。为了完全准确地预测锅炉煤质结渣特性，就必须将影响它的众多关键因素找到。由于锅炉煤质结渣过程是一个极其复杂的物理化学过程，它不仅与煤灰特性有关，而且还受炉膛结构参数、炉内温度水平及空气动力工况等因素的影响[1-3]，故其预测预报是一个非常复杂的系统工程，若只采用单因素指标或过多的主观经验来进行评价是无法得到可靠结果的。近年来许多研究人员采用模糊数学[4]和神经网络[5,6]等非线性预测方法在实际应用中取得了较好的效果。

该文在上述研究的基础上，利用突变级数原理建立计算模型，对锅炉煤质结渣分级问题进行预测分析，最终得出准确的分级结果，为锅炉煤质结渣分级提供了一条新的途径。并通过实例验证了该方法的可行性和有效性。

2. 论文内容（摘录）

突变级数法在锅炉煤质结渣预测中的应用

陈红江　彭小兰

1　突变级数法的基本思想和评价步骤

1.1　突变级数法的基本思想

突变级数法（catastrophe progression method）是在突变理论的基础上发展起来的一种综合评价方法。突变级数法的特点主要是没有对指标采用权重，但它考虑了各评价指标的相对重要性，首先建立评价总指标，再根据评价目的对评价总指标进行多层次矛盾分组，排列成倒立树状目标层次结构，由评价总指标逐渐分解到下层子指标[7]。各层指标构成不同的突变系统，常用的突变系统类型有尖点突变系统、燕尾突变系统和蝴蝶突变系统。表1的突变形式及势函数说明可使人更深入了解突变级数法。

表 1　突变形式及其势函数[8]

突变模型	控制变量	状态变量	势函数
折叠突变 Fold	1	1	$V(x) = x^3 + ax$
尖点突变 Cusp	2	1	$V(x) = x^4 + ax^2 + bx$
燕尾突变 Swallowtail	3	1	$V(x) = x^5 + ax^3 + bx^2 + cx$
蝴蝶突变 Butterfly	4	1	$V(x) = x^6 + dx^4 + ax^3 + bx^2 + cx$
双曲脐点突变 Wave crest	3	2	$V(x, y) = x^3 + y^3 + cxy - ax - by$
椭圆脐点突变 Hair	3	2	$V(x, y) = 1/3x^3 - xy^2 + c(x^2 + y^2) - ax + by$
抛物脐点突变 Mushroom	4	2	$V(x, y) = x^2y + y^4 + ax^2 + by^2 + cx + dy$

注：$V(x)$ 表示一个系统的状态变量 x、y 的势函数，状态变量的系数 a、b、c、d 表示该状态变量的控制变量。

系统势函数的状态变量和控制变量是矛盾的两个方面，其关系如图 1a 所示，图 1a 中 a 为主要的控制变量写在前面，b 为次要的控制变量写在后面，此时，指标分为两个子指标，该系统可视为尖点突变系统；如果一个指标可分解为三个子指标，该系统可视为燕尾突变系统（图 1b）；如果一个指标能分解为四个指标，该系统可视为蝴蝶突变系统（图 1c）。

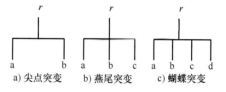

图 1　突变模型系统示意图

1.2　突变级数法的评价步骤

1.2.1　建立突变评价指标体系[9]

按系统的内在作用机理，将系统分解为由若干评价指标组成的多层系统；一个指标进行分解，是为了得到更具体的指标，以便进行量化，分解到一般可以计量的子指标时，分解就可以停止。因为一般突变系数某状态变量的控制变量不超过 4 个，所以，相应地一般各层指标（单指标的子指标）分解不要超过 4 个。

1.2.2　对突变模型的各控制变量归一化

（1）数据无量纲化处理　反映系统的指标往往具有不同的量纲和量纲单位。为了消除由此产生的指标的不可公度性，运用极差变换法，对评价质变进行无量纲化处理，具体做法如下[10]。

1）对于指标越大越好型，令

$$y_{ij} = \frac{x_{ij} - x_{j\min}}{x_{j\max} - x_{j\min}} \qquad (1)$$

2）对于指标越小越好型，令

$$y_{ij} = \frac{x_{j\max} - x_{ij}}{x_{j\max} - x_{j\min}} \qquad (2)$$

式中：y_{ij} 为原始数据；$x_{j\max}$ 为 j 行数据最大值；$x_{j\min}$ 为 j 行数据最小值；x_{ij} 为极差变换后的数据。如果控制变量值的在 [0, 1] 范围内，则不需对数据进行处理。

可直接进行用于突变级数的计算。

（2）控制变量归一化公式[11]　　设突变系统的势函数为 $f(x)$，根据突变理论，它的所有临界点集合成平衡曲面，其方程通过对 $f(x)$ 求一阶导数而得，即 $f'(x)=0$。它的奇点集通过对 $f(x)$ 求二阶导数而得，即 $f''(x)=0$ 消去 x，则得到突变系统的分歧点集方程。分歧点集方程表明诸控制变量满足此方程时，系统就会发生突变。

通过分解形式的分歧点集方程导出归一公式，由归一公式将系统内诸控制变量不同的质态化为同一质态，即化为状态变量表示的质态。

尖点突变系统分解形式的分歧点集方程为

$$a = -6x^2, b = 8x^3 \tag{3}$$

化为突变模糊隶属函数，即如下归一公式为

$$x_a = \sqrt{a}, x_b = \sqrt[3]{b} \tag{4}$$

燕尾突变系统分解形式的分歧点集方程为

$$a = -6x^2, b = 8x^3, c = -3x^4 \tag{5}$$

导出归一公式为

$$x_a = \sqrt{a}, x_b = \sqrt[3]{b}, x_c = \sqrt[4]{c} \tag{6}$$

蝴蝶突变系统分解形式的分歧点集方程为

$$a = -10x^2, b = 20x^3, c = -15x^4, d = 4x^5 \tag{7}$$

导出归一公式为

$$x_a = \sqrt{a}, \ x_b = \sqrt[3]{b}, \ x_c = \sqrt[4]{c}, \ x_d = \sqrt[5]{d} \tag{8}$$

以上各式中，x_a 表示对应 a 的 x 值，x_b 表示对应 b 的 x 值，x_c 表示对应 c 的 x 值，x_d 表示对应 d 的 x 值。

1.2.3　利用归一公式进行递归运算，求出突变隶属函数值

由初始模糊隶属函数值，按归一公式可计算出各控制变量的相应中间值，即突变级数值。在计算过程中，考虑两个原则[12]，即"互补"与"非互补"原则，得到状态变量的突变隶属函数值。所谓"非互补"原则是指一个系统的控制变量（如 a、b、c、d）之间不可互相弥补其不足，因而按归一公式求得系统状态变量 x 的值时，要从各控制变量相对应的 x_a、x_b、x_c、x_d 等中取最小的一个作为整个系统的 x 值，这叫"大中取小"。所谓"互补"原则是指一个系统各控制变量之间可以互相弥补其不足，以相应的 x 值达到较高的平均值，即 $x = (x_a + x_b + x_c + x_d)/4$。同理逐层递阶运算，即可得到总突变隶属函数值。

2　突变级数法在锅炉煤质结渣分级中的应用

2.1　锅炉煤质结渣指标体系的建立

综合考虑煤质本身和锅炉运行因素对锅炉煤质结渣的影响，锅炉煤质结渣

的因素众多，结合多方面情况，选择六大因素：软化温度 T_2（f_1）、硅铝比 w（SiO_2）／w（Al_2O_3）（f_2）、碱酸比 J（f_3）、硅比 G（f_4）、无因次炉膛平均温度 φ_t（f_5）和无因次实际切圆直径 φ_d（f_6）作为锅炉煤质结渣分级的评价指标。将以上影响因素按照突变级数法的要求组织成一个多层次的评价目标结构，如图2所示。

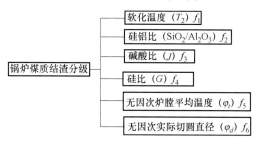

图2　锅炉煤质结渣分级指标体系

2.2　锅炉煤质结渣分级划分

锅炉的结渣程度一般分为轻微、中等和严重三类，但所谓的轻微、中等和严重是一个模糊概念，并没有严格的判定界限，通常各结渣判别指标的判别界限[13]见表2。

由于样本必须具有代表性和均匀性，采用插值法由表2构造了表3所示的学习样本集。利用极值公式，由于软化温度 T_2（f_1）、硅比 G（f_4）属于越大越好型，因此选择式（1），其余因素属于越小越好型，选择式（2）。根据以上说明进行数据的归一化处理，结果见表4，并根据突变级数原理计算各学习样本的突变级数，计算结果见表5。

根据上述学习样本的分级与突变级数结果，可将安全等级分为三类（其中 a 为突变级数值），如表6所示。

表2　锅炉煤质结渣分级标准

分级指标	T_2（f_1）	SiO_2/Al_2O_3（f_2）	J（f_3）	G（f_4）	φ_t（f_5）	φ_d（f_6）
Ⅰ（严重）	<1260	>2.65	>0.400	<66.1	>1.065	>0.5875
Ⅱ（中等）	1260～1390	1.87～2.65	0.206～0.400	66.1～78.8	0.970～1.065	0.475～0.5875
Ⅲ（轻微）	>1390	<1.87	<0.206	>78.8	<0.970	<0.475

表3　锅炉煤质结渣分级分级突变级数学习样本

序号	f_1	f_2	f_3	f_4	f_5	f_6
1	1260	2.65	0.400	66.10	1.065	0.5875
2	1270	2.60	0.380	67.10	1.060	0.5785
3	1280	2.55	0.360	68.10	1.055	0.5695
4	1290	2.50	0.340	69.10	1.050	0.5605
5	1300	2.45	0.320	70.10	1.045	0.5515
6	1310	2.40	0.300	71.10	1.040	0.5425

序号	f_1	f_2	f_3	f_4	f_5	f_6
7	1320	2.35	0.280	72.10	1.035	0.5335
8	1330	2.30	0.260	73.10	1.030	0.5245
9	1340	2.25	0.250	74.10	1.025	0.5155
10	1350	2.20	0.240	75.10	1.020	0.5065
11	1360	2.15	0.230	76.10	1.015	0.4975
12	1370	2.10	0.220	77.10	1.010	0.4885
13	1380	2.00	0.210	78.10	1.005	0.4795
14	1390	1.87	0.206	78.80	0.970	0.4750
类型	越大越好	越小越好	越小越好	越大越好	越小越好	越小越好

表4　控制变量归一化

序号	f_1	f_2	f_3	f_4	f_5	f_6
1	0.0000	0.0000	0.0000	0.0000	0.0000	0.0000
2	0.0769	0.0641	0.1031	0.0787	0.0526	0.0800
3	0.1538	0.1282	0.2062	0.1575	0.1053	0.1600
4	0.2308	0.1923	0.3093	0.2362	0.1579	0.2400
5	0.3077	0.2564	0.4124	0.3150	0.2105	0.3200
6	0.3846	0.3205	0.5155	0.3937	0.2632	0.4000
7	0.4615	0.3846	0.6186	0.4724	0.3158	0.4800
8	0.5385	0.4487	0.7216	0.5512	0.3684	0.5600
9	0.6154	0.5128	0.7732	0.6299	0.4211	0.6400
10	0.6923	0.5769	0.8247	0.7087	0.4737	0.7200
11	0.7692	0.6410	0.8763	0.7874	0.5263	0.8000
12	0.8462	0.7051	0.9278	0.8661	0.5789	0.8800
13	0.9231	0.8333	0.9794	0.9449	0.6316	0.9600
14	1.0000	1.0000	1.0000	1.0000	1.0000	1.0000

表5　学习样本突变级数计算结果

编号	突变级数值	划分类别	编号	突变级数值	划分类别
1	0	I	5	0.548160267	II
2	0.274080134	I	6	0.612861810	II
3	0.387607842	I	7	0.671356476	II
4	0.474720717	I	8	0.725147873	II

编号	突变级数值	划分类别	编号	突变级数值	划分类别
9	0.770409410	Ⅱ	12	0.892077284	Ⅲ
10	0.813058946	Ⅲ	13	0.934973757	Ⅲ
11	0.853510275	Ⅲ	14	1	Ⅲ

表6　突变级数值与安全等级

突变级数值	$0.474720717 \geqslant a \geqslant 0$	$0.770409410 \geqslant a \geqslant 0.474720717$	$1 \geqslant a \geqslant 0.770409410$
安全等级	Ⅰ	Ⅱ	Ⅲ

3　工程实例

从文献［14］资料中另取7个样点做检验样本（表7），分别求出相应的突变级数（表8），立即可得到预测结果。由表8可见，预测结果的准确率达到了100%，说明运用突变级数法进行锅炉煤质结渣分级划分是可行的，因此可利用该方法对锅炉煤质结渣分级进行预测。

表7　预测样本数据资料

序号	f_1	f_2	f_3	f_4	f_5	f_6
1	1190	3.200	0.469	63.80	1.3103	0.0950
2	1255	1.380	0.263	74.80	1.2424	0.0950
3	1380	1.420	0.177	77.60	1.1300	0.0950
4	1500	1.237	0.116	84.05	0.9453	0.5765
5	1330	1.780	0.228	74.80	1.0661	0.5765
6	1500	1.237	0.116	84.05	0.9241	0.5578
7	1330	1.780	0.228	74.80	1.0421	0.5578

表8　突变级数分类结果

序号	突变级数值	实际情况	模糊ANN划分情况	突变级数法划分类别
1	0.1666667	Ⅰ	Ⅰ	Ⅰ
2	0.6113366	Ⅱ	Ⅱ	Ⅱ
3	0.8187255	Ⅲ	Ⅲ	Ⅲ
4	0.8854491	Ⅲ	Ⅲ	Ⅲ
5	0.6359597	Ⅱ	Ⅱ	Ⅱ
6	0.9189682	Ⅲ	Ⅲ	Ⅲ
7	0.7513074	Ⅱ	Ⅱ	Ⅱ

4 结语

1）突变级数不使用权重，只需按指标间的内在逻辑关系对其重要程度进行排序，很大程度上避免了人为赋权的主观性，相对其他方法，客观性较强。

2）通过突变级数法建立的模型是在有限的工程实例原始数据资料基础上，受到原始资料数据代表性、准确性的影响。在实际应用中，可根据具体情况，广泛收集工程实例资料，建立相应的样本数据库，对模型进行训练，增强该模型的适用性。

3）通过工程实例可见，本文方法对锅炉煤质结渣分级划分的预测有效性较高，并且更体现出客观性较强、定量化程度较高，计算简单的比较优势，应进一步完善并加以推广。

参考文献

[1] 马其良，周世平，顾士龙，等.300 MW 机组炉内结渣原因分析及防止 [J].上海理工大学学报，2001，23（2）：119-124.

[2] Lockwood Flee F C. Modeling ash deposition in pulverized coal-fired applications [J]. Progress in Energy and Cornbus-lion Science，1999（25）：117-132.

[3] Bnint G W，Browning G J，Gupta S K，et al. Thermome-chanical analysis of coal ash-the influence of the material for the sample assembly [J]. Energy and Fuels，2000，14：326-335.

[4] 邱建荣，马毓义，曾汉才，等.混煤的结渣特性及煤质结渣程度评判 [J].热能动力工程，1994，9（1）：1-8.

[5] Rumelhart D E. Learning representations by back-propagating errors [J]. Nature，1986，323（9）：533-536.

[6] Kalogirou S A. Artificial intelligence for the modeling and control of combustion processes：A review [J]. Progress in Energy and Combustion Science，2003（29）：515-566.

[7] 黄奕龙.突变级数法在水资源持续利用评价中的应用 [J].干旱环境监测，2001，15（3）：167-170.

[8] 陈云峰，孙殿义，陆根法.突变级数法在生态适宜度评价中的应用——以镇江新区为例 [J].生态学报，2006，26（8）：2587-2593.

[9] CHEN Hongjiang，LI Xibing，Liu Aihua，et al. Classification of stope roof safety based on catastrophe progression method and its application [J] Controlling seismic hazard and Sustainable Development of Deep Mines，Rinton Press，2009（7）：195-202.

[10] 朱顺泉，徐国祥.上市公司财务状况的突变级数评价模型及其实证研究 [J].统计与信息论坛，2003，18（3）：11-14.

[11] 万武亮，杨朝发，王大江.突变评价法在矿井经济效益和效率评价中的应用 [J].矿

业工程，2006，4（2）：5-7.

[12] 蒋军成. 突变理论及其在安全工程中的应用 [J]. 南京化工大学学报，1999，21（1）：24-28.

[13] 张忠孝. 用模糊数学方法对电厂锅炉结渣特性的研究 [J]. 中国电机工程学报，2000，20（10）：64-66.

[14] 伍昌鸿，马晓茜，廖艳芬. 基于模糊神经网络的电站燃煤锅炉结渣预测 [J]. 燃烧科学与技术，2006，12（2）：175-179.

6.8 有机热载体锅炉安全法规、标准体系优化完善探讨 [一]

1. 概述

该文针对现有的有机热载体炉安全法规存在重复设置、交叉设置以及不具备系统性等特点，提出了相应的建议，对引导有机热载体炉安全法规的发展具有一定的借鉴作用。

截至目前为止，国际标准化组织 ISO 没有发布对新矿物油、热传导液产品的品质评价的国际标准，但是分别于 1989 年和 2003 年发布了有关导热油的分类标准《润滑油、工业油和相关产品（L 类）：分类，系列 Q，传热导液》即国际标准 ISO 6743-12 和《石油和相关产品-抗氧化油和流体老化性能的测定》标准 ISO 4263-1。

全世界系统制定热传导液相关标准的国家主要是德国和中国。

1989 年，德国 DIN 机构发布了 DIN 51528—1989《热传导液稳定性能试验方法标准》，并于 1998 年进行了更新。1989 年，德国 DIN 机构首次发布了《热传导液产品标准》，并于 1998 年对其进行了更新[1-3]。

2. 论文内容（摘录）

有机热载体锅炉安全法规、标准体系优化完善探讨

彭小兰　殷先华

1 有机热载体炉安全技术规范标准及其比较

我国的有机热载体炉安全管理标准与规范主要有：安全技术规范 TSG G0001—2012《锅炉安全技术监察规程》、强制性标准 GB 24747—2009《有机热载体安全技术条件》、GB 23971—2009《有机热载体和推荐性标准》、GB/T 17410—2008《有机热载体炉》，见表 1。

———————————

　○ 资助项目：质检公益性行业科研专项。

表 1　有机热载体炉安全管理标准与规范设置

序号	标准与规范名称	颁布部门	与有机热载体及有机热载体炉相关内容
1	TSG G0001—2012《锅炉安全技术监察规程》	国家质量监督检验检疫总局	① 有机热载体炉及系统的技术要求 ② 有机热载体及其使用条件的规定
2	TSG G5001—2010《锅炉水（介）质处理监督管理规则》	国家质量监督检验检疫总局	适用锅炉及介质处理系统（设备）的生产（含设计、制造、安装、改造、维修）、使用，和有机热载体制造、使用，锅炉化学清洗以及锅炉介质处理检验检测等工作
3	TSG G5002—2010《锅炉水（介）质处理检验规则》	国家质量监督检验检疫总局	包括介质处理系统安装监督检验、运行介质处理检验、停炉介质检验、化学清洗监督检验
4	GB 24747—2009《有机热载体安全技术条件》	国家质量监督检验检疫总局 国家标准化管理委员会	规定了各种类型的有机热载体锅炉及其传热系统所使用的有机热载体的术语定义、一般要求、质量指标和试验方法、判定与处置、检验周期和取样、混用、回收处理、传热系统的清洗、更换与废弃
5	GB 23971—2009《有机热载体》	国家质量监督检验检疫总局 国家标准化管理委员会	规定了未使用过的矿物油型和合成型有机热载体的术语、分类与标记、要求和试验方法、检验规则等
6	GB/T 17410—2008《有机热载体炉》	国家质量监督检验检疫总局 国家标准化管理委员会	规定了有机热载体炉的术语和定义、分类与命名、要求、试验方法、检验规则等
7	GB/T 23800—2009《有机热载体热稳定性测定法》	国家质量监督检验检疫总局 国家标准化管理委员会	规定了未使用过的有机热载体热稳定性的试验方法
8	SY0031—2012《石油工业用加热炉安全规程》	国家能源局	规定了石油工业用加热炉（以下简称加热炉）的设计、制造、安装、使用、检验、修理和改造的安全要求
9	SY/T 0538—2012《管式加热炉规范》	国家能源局	管式加热炉（以下简称管式炉）设计、制造、检验与验收的基本要求
10	SY/T 5262—2009《火筒式加热炉规范》	国家能源局	规定了火筒式加热炉设计、制造、检验与验收的基本要求
11	GB/T 7631.12—2014《润滑剂、工业用油和有关产品（L类）的分类第12部分：Q组（有机热载体）》	国家质量监督检验检疫总局	规定了L类（润滑剂、工业用油和有关产品）中Q组（热传导液）产品的详细分类

序号	标准与规范名称	颁布部门	与有机热载体及有机热载体炉相关内容
12	SH/T 0680—1999《热传导液热稳定性测定法》	国家石油和化学工业局	规定了未使用过的矿物油型和合成型烃类热传导液热稳定性的试验方法
13	SYT 0540—2013《石油工业用加热炉型式与基本参数》	国家能源局	规定了加热炉的型式和参数
14	国家质量监督检验检疫总局令140号文特种设备作业人员监督管理办法	国家质量监督检验检疫总局	适用于公司（厂）特种设备作业、特种设备焊接作业、安全附件维修作业的作业人员及相关人员
15	锅炉司炉人员考核管理规定	国家质量监督检验检疫总局文件（国质检[2001]38号）	规范司炉工培训、考核、发证程序

其中《锅炉司炉人员考核管理规定》中第四条将司炉分为四类，见表2。

表2 司炉工类别及允许操作的锅炉范围

类 别	允许操作的锅炉
Ⅰ	蒸汽锅炉；热水锅炉；有机热载体炉
Ⅱ	工作压力小于等于3.8 MPa的蒸汽锅炉；热水锅炉；有机热载体炉
Ⅲ	工作压力小于等于1.6 MPa的蒸汽锅炉；额定功率小于等于7 MW的热水锅炉；有机热载体炉
Ⅳ	工作压力小于等于0.4 MPa且额定蒸发量小于等于1 t/h的蒸汽锅炉；额定功率小于等于0.7 MW的热水锅炉

2 有机热载体炉法规体系立法探讨

通过以上对比分析可知，有机热载体炉法规体系存在的问题如下：

（1）部分现行规章及规范性文件与法不一致

一是，层次不清导致主体关系不明。现行的特种设备安全规范性文件中，有些文件的执行主体是质监局（原劳动部），如《锅炉定期检验规则》、国家质量监督检验检疫总局总局令140号文、特种设备作业人员监督管理办法、（国质检[2001]38号）锅炉司炉人员考核管理规定、《锅炉安全技术监察规程》有些文件的执行主体是国家能源局如SY 0031—2012《石油工业用加热炉安全规程》、SY/T 0538—2012《管式加热炉规范》、SY/T 5262—2009《火筒式加热炉规范》等；有些文件的执行是石油和化学工业局如SH/T 0680—1999《热传导液稳定性测定法》等。等特种设备检验检测机构整合改革、职能调整、主体关系明确后，应集中相应的专家代表对这些规章及规范性文件进行综合修改完善，明确主体关系。

二是，内容上的一致性问题。现行特种设备安全规章及规范性文件内容还是与老《特种设备安全条例》相配合的，与《中华人民共和国特种设备安全法》不尽一致，例如特种设备程序规定和时限要求等，这都需要及时修改调整，以符合新法的规定，亦有利于新法的执行。

（2）由于管理体系和制度原因导致的标准体系不完整　与德国 DIN 标准体系相比，我国的特种设备标准体系尚不完整，仍存在不统一、不协调的问题。有机热载体炉的标准化工作长期与有机热载体炉安全监察工作脱节，许多特种设备标准长期得不到修订，标准解释工作不及时，安全监察中遇到的问题在标准中得不到解决。

这些也与目前标准体系的管理方式有关，只有德国的 DIN 机构是真正的第三方（民方）机构。机构为保证标准的市场竞争力，必须及时对标准更新。这样形成的标准才能真正引导市场的发展。

3　有机热载体炉安全规范及标准设置探讨

目前，有机热载体炉的安全规范和标准设置主要问题如下：

1）安全规范和标准分散，设置存在重复性，需要重新归口和分类整合，使之成系统。由于石油行业存在加热炉和热传导液，特种行业存在有机热载体炉和有机热载体，而加热炉与有机热载体炉相同、热传导液与有机热载体相同；由于归口单位不同：一个归口国家石油和化学工业局、一个归口国家质检总局，所以形成两套标准，详见表3。

表3　安全法规标准的交叉和重复性比较

序号	涉及的内容	标准与规范名称	颁布部门
1	有机热载体炉系统	TSG G0001—2012《锅炉安全技术监察规程》	国家检验检疫总局
		SY0031—2012《石油工业用加热炉安全规程》	国家能源局
2	有机热载体炉	GB/T 17410—2008《有机热载体炉》	国家质量监督检验检疫总局 国家标准化管理委员会
		SY/T 0538—2012《管式加热炉规范》	国家能源局
		SY/T 5262—2009《火筒式加热炉规范》	国家能源局
3	有机热载体稳定性测定	GB/T 23800—2009《有机热载体热稳定性测定法》	国家质量监督检验检疫总局 国家标准化管理委员会
		SH/T 0680—1999《热传导液热稳定性测定法》	国家石油和化学工业局

从表3可知：有机热载体炉的安全规范和标准，一方面有些归口是国家质检总局、有些归口是国家质量监督检验检疫总局和国家标准化管理委员会、有些归口国家石油和化学工业局，有些归口国家能源局，所以分类杂乱。建议以国家石油和化学工业局为主、国家质检总局为辅联合设置一套行之有效的有机热载体炉安全技术规范和标准，这样可以把中石油、中石化在石油加热炉中一些重要的实践经验应用到规范标准中来，避免和减少国家质检总局对有机热载体和有机热载体炉的摸索探索周期，同时取长补短，更有利于有机热载体炉标准规范的系统性。

另一方面，即使在国家质检总局，也未对有热载体炉检验重视起来，它的安全技术规范往往和蒸汽锅炉、热水锅炉混在一起。有些有机热载体炉标准规范和其他如蒸汽锅炉、热水锅炉标准规范设置在一起，如锅炉安装监督检验规则、锅炉介质检验规则等，未充分考虑由于有机热载体介质的特殊性带给有机热载体炉系统结构的特性要求，建议将有机热载体独立形成一套标准规范，更便于有机热载体炉的管理。特别是有机热载体管道的安装问题和有机热载体的介质化验问题而导致有机热载体炉泄漏事故层出不穷。

从文献［4］中的统计数据分析可知：有机热载体炉事故在锅炉事故中一直占据极大的比重，这与有机热载体炉安全规范标准未独立出来，安装人员和检验人员未对其足够重视，从而导致有机热载体炉事故高发，故建议将有机热载体炉各项规范标准独立出来，另成系统。

2）司炉工的资质分类设置缺乏科学性、合理性。从有机热载体炉运行机理分析可知，有机热载体介质与蒸汽、水介质物理化学性质存在巨大的差异性，所以有机热载体炉与蒸汽锅炉、热水锅炉在操作方面存在很大的差异性，而且有机热载体炉的操作是一项技术性很强的工作，比一般蒸汽锅炉、热水锅炉要复杂得多，对司炉工的理论水平和实践素质都有很高的要求。

从表2可知，现在的司炉工类别考试里把蒸汽锅炉、热水锅炉和有机热载体炉三类锅炉混在一起，仅仅靠压力和热容量考虑，未充分考虑介质的特殊性。有的虽取了司炉工证件，但由于蒸汽锅炉、热水锅炉和有机热载体炉知识都是一起学习的，考试内容80%~90%都是蒸汽锅炉热水锅炉内容，所以虽然考取了司炉工证，但并不知道也不敢操作有机热载体炉。还有以前考取司炉工证和操作过蒸汽锅炉或热水锅炉的老司炉工，一碰到操作有机热载体炉的就照搬蒸汽锅炉和热水锅炉的操作程序，往往导致锅炉积炭、泄漏而发生火灾事故。故建议司炉工考试分类把蒸汽锅炉、热水锅炉和有机热载体炉单独分类，这样就能针对性地学习，培养出来的司炉工就能更好地操作锅炉了。

3）加强国际合作与交流，参考和翻译学习国外成熟的有机热载体炉安全技术规范标准，一方面减少摸索期，另一方面使有机热载体炉规范标准与国际接轨,减少产品出口的重复性检验,这样我国特种设备安全技术规范标准在国际上的地位才会提升,影响才会扩大。

参考文献

[1] 宋继红. 我国特种设备安全规范标准体系现状与发展 [J]. 劳动保护,2005 (10):71-19.

[2] 王骄凌,司荣. 有机热载体技术进展综述 [C] //第三次全国锅炉水(介)质处理学术交流会论文汇编,2013:1-26.

[3] 宋继红,谢铁军,石家骏. 特种设备法规标准体系战略研究 [C] //压力容器先进技术——第七届全国压力容器学术会议论文集,2009 (10):35-45.

[4] 彭小兰. 有机热载体炉积炭检测技术及安全评价研究 [D]. 长沙:中南大学,2014.

[5] 彭小兰,吴超,殷先华. 有机热载体炉事故与积炭检测技术发展 [J]. 工业锅炉,2013 (4):6-10.

[6] 吴涓. 有机热载体锅炉系统故障分析及改进措施 [J]. 工业锅炉,2002,74 (4):45-46.

[7] 胡洪,余笑枫. 有机热载体炉辐射管泄漏原因分析及预防措施 [J]. 工业锅炉,2005 (4):54-57.

[8] 史文彬. 有机热载体炉安装使用应注意的问题 [J]. 工业锅炉,2005 (6):53-56.

[9] 张煜民. 有机热载体炉膨胀槽超温现象的分析 [J]. 工业锅炉,2005 (3):46-47.

[10] 张海田. 一起有机热载体炉爆管事故的原因分析 [J]. 工业锅炉,2007 (3):56-58.

[11] 常静,李建业,张葵东. 一起有机热载体炉爆管事故浅析 [J]. 工业锅炉,2007 (1) 60-61.

6.9 鱼刺图法在有机热载体炉安全评价中的应用[一]

1. 概述

近几年来,随着我国经济的发展,有机热载体炉的使用越来起广泛,数量越来越多。有机热载体炉是个庞杂的系统,其安全生产涉及的因素众多,因此非常有必要对其运行安全性进行分析。该文将安全工程的理论引入到有机热载体炉安全生产中来,利用鱼刺图(FBF)法对其进行科学、合理的安全评价,进而有效的分析出有机热载体炉生产运行中的危险隐患系统,并针对不同成因采取相应的对策措施。

有机热载体加热炉是以煤、油、气体、电为燃料,以导热油为介质,利用

⊖ 资助项目:质检公益性行业科研专项。

循环油泵，强制导热油进行液相循环，将热能输送给用热设备后，再返回加热炉重新加热。因其具有低压、高温、高效、节能、精密控温、运行和维修方便等优点，故在石化、纺织印染、轻工、建材等工业领域应用较为广泛。

近年来，随着我国经济的发展，有机热载体炉的使用越来越广泛，数量越来越多。但由于有机热载体炉设计、制造、使用中的问题，以及管理上的欠规范，存在着一定的不安全因素，这些因素终将导致有机热载体炉的泄漏、火灾、爆炸、爆沸、爆管、中毒等安全事故的发生。据不完全统计，根据文献［1］中的近年来国内有机热载体炉事故案例汇总表可知，有机热载体炉事故小则数万元经济损失，大则 1～3 人死亡，1～15 人重伤，所以有机热载体炉生产安全性分析研究意义重大。

针对有机热载体炉的安全性评价，国内外已经有不少文献给予了报道。这些文献[2-19]大多数是用普通的叙述方式针对某一起有机热载体炉事故给予介绍和分析，并未能形成一套系统的评价方法。面对有机热载体炉这个庞杂的系统，其安全生产涉及的因素众多，令其安全性评价无从着手，因此非常有必要运用一种系统的、简便的、科学的评价方法对其运行安全性进行分析。本文针对这一亟须解决的问题提出了运用鱼刺图法对有机热载体炉的安全性进行评价，这种方法具有简单明了、系统可靠、条理清晰等特点，为有机热载体炉的安全性评价提供了一种新的思路。

2. 论文内容（摘录）

鱼刺图法在有机热载体炉安全评价中的应用

陈红江　彭小兰

1　鱼刺图法简介（FBF）（精简）

鱼刺图（Fish Bone Fig）又称因果分析图或特性因素图。这种方法需要分析者集思广益，努力寻找影响研究对象的各种特性要因，然后根据因素间相互关联性进行整理，努力做到层次分明、条理清楚，并通过标出重要因素的图形来表示，它有助于我们搜寻产生问题的根源，可以使复杂的问题系统化、条理化，由此预防对策也就呼之而出。由于各影响因素组成的图形看起来像条完整的鱼，有骨有刺，故名鱼刺图。

鱼刺图分析步骤如下：

1）确定问题：首先要确定所要分析的问题或者所要研究的对象，然后将此问题作为"结果"定下来，并用确切的语言把事故表达出来，划在图的最右方，然后划出主干和箭头。

2）调查问题：通常影响分析问题的因素多种多样，往往这些因素又错综复杂地交织在一起。只有对所分析问题做出全面了解，深刻地认识，才能做出准确的图形。

3）分析原因：在具体分析问题时，首先分析哪些因素是影响事故的大因素，进而从大因素出发寻找中因素、小因素和更小因素，并查出和确定主要原因，最好能做到搜集、分析和罗列出全部因素。

4）综合分类：按重要程度及彼此间的因果关系整理和分类，梳成辫子，明确其从属关系，必要时画主次图分析。

5）分类填图：检查各因素的描述方法，确保语法简明、意思明确。画出主干线，主干线的箭头指向事故，再在主干线的两边依次用不同粗细的箭头线表示出大、中、小因素之间的因果关系，在相应箭头线旁边注出原因内容。

2 有机热载体炉的 FBF 分析

通过查阅大量相关文献资料及现场实地调研考察，认为有机热载体炉的安全事故是人、机和环境这三个因素共同作用的结果。其中人的不安全行为和机的不安全状态是发生安全事故的必要条件，环境因素是造成安全事故发生的充分条件。

形成有机热载体炉安全事故的因素复杂多样，它是一系列致因事件在一定时序下产生的结果，因此，该事故鱼刺图不可能是一个简单的因果连锁图，而是一个复合式鱼刺图。为了使鱼刺图清晰明了，结合事故致因相关理论，在对多起有机热载体炉安全事故分析的基础上，分别对人的因素、机的因素以及环境的因素进行分析，根据因果之间逻辑关系画出相应的鱼刺图，为进行有机热载体炉安全事故综合分析建立基础。

2.1 人的因素

人的因素主要是有人因失误而引起，人因失误是指人的行为结果偏离了规定的目标，并产生了不良的影响。经过多方查证，结合已有有机热载体炉安全事故调查报告相关总结可知它主要包括操作人员失职、管理人员失职、应急预案不完善及安全资金不到位等几个方面。其中，操作人员失职是操作工人在生产过程中发生的、直接导致事故的人因失误，是导致安全事故发生的主要因素；管理者发生的人因失误是一种更加危险的人因失误；从事故系统角度的事故致因，人的不安全行为受其生理和心理的影响，同时也与管理者认识、应急预案及安全资金情况有关。最后，根据有机热载体炉安全事故分析和《企业职工伤亡事故调查分析通则》，画出人因缺陷鱼刺图，具体分析情况如图1所示。

2.2 机的因素

机的不安全状态是导致事故发生的第二大要素。在生产实践中，设备和设施是决定生产效能的物质技术基础，没有生产设备特别是现代生产是无法进行的，同时设备的异常状态又是导致与构成事故的重要物质因素[8]。随着我国承压设备安全事故的增多，国家更加重视这方面的监督工作，不少学者也投身了有机热载体炉安全事故原因研究中来。结合已有相关文献知识，本文对机的不安全状态分析主要围绕有机热载体炉炉体设备选型缺陷、炉体机电设备缺陷、炉体辅助系统缺陷和炉体自动控制系统四个方面所涉及的因素，具体分析情况如图2所示。

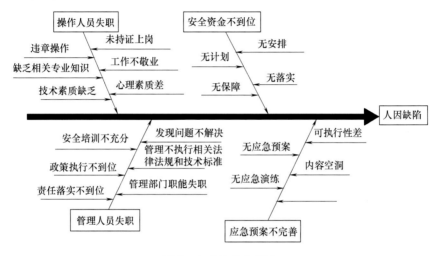

图1　人因缺陷鱼刺图

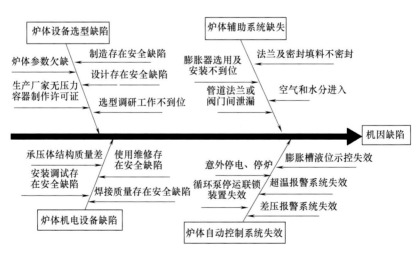

图2　机因缺陷鱼刺图

2.3　环境因素

环境因素是制约各有关系统空间的重要因素，任何一个系统都存在于环境之中，环境与系统密不可分，时刻进行着物质、能量和信息的交换，环境影响着系统，环境的变化必然会引起系统内部要素的变化，同时系统也随着环境的变化而改变，以求适应环境。结合有机热载体炉运营环境的特点，本文从操作环境缺陷、管理环境情况、炉体空间及管道系统布置情况及有机热载体介质运行环境情况四个方面对有机热载体炉安全生产因素进行了详细分析，具体分析情况如图3所示。

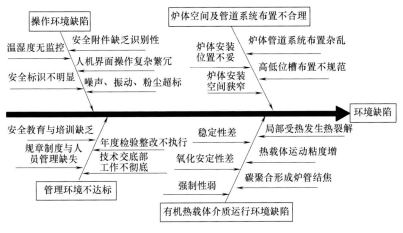

图3　环境缺陷鱼刺图

3　评价总结

根据有机热载体炉事故发生机理，人的因素、机的因素及环境的因素共同影响着事故的发生与否，三个因素既是独立的，又存在相互作用、相互联系和层次性。在通常情况下，人的不安全行为和机的不安全状态在环境条件的影响下可以导致有机热载体炉发生事故。因此，根据各因素间一定的逻辑性，建立分析结构图，如图4所示。

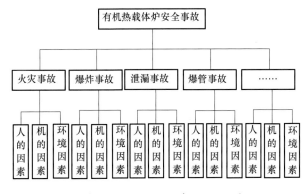

图4　有机热载体炉安全事故结构分析图

135

通过有机热载体炉安全事故结构分析图分析，得知有机热载体炉安全事故主要分为火灾事故、爆炸事故、泄漏事故、爆管事故等，但这些安全事故的发生不外乎人的不安全作为（人因）、生产或技术系统的不安全状态（机因）、作业条件或环境不良（环境因素）要素所导致或构成，但并不是说要同时存在，有的情况下，一个要素就足够引发一起事故。

4 方法意义与预防措施

影响有机热载体炉安全性的各因素鱼刺图分析及其安全事故结构分析图的建立，在实际工作中的意义主要表现在以下几个方面：

1）根据鱼刺图可以有针对性的分析事故原因，分别从人因缺陷、设备缺陷以及环境缺陷中找出各因素下更深层次的隐患，可以尽快帮助我们找出事故原因，确定问题的交集点（针对此问题此论文要具体定性定量——此论文已经发表，不做修改补充了），为有效预防有机热载体炉安全事故提供科学依据。

2）分析研究了有机热载体炉安全事故中人的因素、机的因素以及环境的因素相互关系，以及各因素间的逻辑性，从而可以有计划、有组织、有针对性地制订一些防范措施。

3）有机热载体炉安全事故结构分析图的建立为其安全评价提供了分析基础，更具有直观性和逻辑性，为指导预防有机热载体炉安全事故发生提供了理论依据，对于加强有机热载体炉安全管理及预防有机热载体炉安全事故发生有重大的指导意义。

从以上有机热载体炉安全事故鱼刺图分析，以及根据有机热载体炉安全事故结构分析图，还应分别从以下人、机、环境三个方面预防有机热载体炉安全事故。

（1）人的因素 使用单位应根据《有机热载体炉安全技术监察规程》的要求制定运行操作规程，并严格执行；操作人员必须经培训合格，持证上岗；贯彻执行国家关于有机热载体炉安全生产的各项方针政策、法律法规和标准，建立行之有效的安全管理制度和各项规章制度；明确安全管理责任，及时落实安全生产责任；完善安全生产管理机构设置，补充安全管理人员配备；加大安全资金投入；做好员工的安全知识和安全技能的教育培训工作，采取各种形式提高员工遵章守纪和安全生产意识；增大相关专业技术人员的比例；组织开展企业内部安全生产检查，对事故隐患及时研究出整改措施并限期解决，消除生产安全事故各种隐患；建立健全应急预案，发生伤亡事故之后，积极采取抢救措施，并及时、如实地向有关部门报告生产安全事故情况。

（2）机的因素 有机热载体炉生产厂家必须具有制造许可证，使用厂家也必须购买具有生产资质的厂家生产的产品；有机热载体炉的三证（登记簿、许可证、年检证）齐全且符合要求；补充安全防护设施，对购入的安全防护设施质量严格把关，提高企业防灾抗灾能力，或者加大对安全防护设施的维护，如：安全阀的灵敏可靠直接关系到锅炉的防超压控制能力、压力表的显示不准会引发超压事故等。定期组织检验、维修并更新各种生产设备，确保生产设备完好、有效；对有机热载体的性能指标严格控制，主要有粘度、闪点、残碳、酸值；定期化验，保证有机热载体质量，并及时补充新的同一批号的有机热载体。

（3）环境的因素　加大有机热载体炉安全生产负有监督和管理职责的部门对有机热载体炉使用企业进行监督和管理的力度，建立健全有机热载体炉安全生产的各项方针政策和法律法规；通过对有机热载体炉企业的安全大检查，实施对有机热载体炉使用企业的监督和管理，督促有机热载体炉企业做好安全生产工作，预防和避免有机热载体炉事故的发生，确保广大有机热载体炉职工的人身安全；完善我国有机热载体炉安全生产监管机构自身建设，如执法人员文化程度、职业技能、执法水平、监督和管理手段方式及作风问题等等；避免有机热载体炉安全生产监管机构在执法过程中出现管理乏力、管理不到位的问题，难以充分发挥其监督和管理的作用。

参考文献

[1] 朱宇龙，赵辉，青俊. 基于结焦机理的有机热载体炉炉管在线寿命评估系统研究 [J]. 工业锅炉，2010 (5)：17-20.

[2] 吴涓. 有机热载体锅炉系统故障分析及改进措施 [J]. 工业锅炉，2002，74 (4)：45-46.

[3] 胡洪，余笑枫. 有机热载体炉辐射管泄漏原因分析及预防措施 [J]. 工业锅炉，2005 (4)：54-57.

[4] 史文彬. 有机热载体炉安装使用应注意的问题 [J]. 工业锅炉，2005 (6)：53-56.

[5] 张煜民. 有机热载体炉膨胀槽超温现象的分析 [J]. 工业锅炉，2005 (3)：46-47.

[6] 李君平，刘振南，马言，等. 有机热载体炉常见事故产生的原因及对策 [J]. 装备制造技术，2006 (3)：90-91.

[7] 张海田. 一起有机热载体炉爆管事故的原因分析 [J]. 工业锅炉，2007 (3)：56-58.

[8] 常静，李建业，张葵东. 一起有机热载体炉爆管事故浅析 [J]. 工业锅炉，2007 (1)：60-61.

[9] 张丽芬. 有机热载体炉存在的问题及安全控制措施 [J]. 中小企业管理与科技，2008 (11)：216-217.

[10] 闫怀林，郭兴平. 一起有机热载体炉着火事故分析与对策 [J]. 工业锅炉，2008 (1)：51-54.

[11] 刘景新，赵斌，赵静. 影响有机热载体炉安全性的因素分析 [J]. 工业炉，2009 (3)：25-27.

[12] 俞杨. 两起有机热载体炉喷油火灾事故的分析 [J]. 江苏安全生产，2009（12）：37-38.

[13] 邓广新. 有机热载体锅炉受热面管过热变形分析 [J]. 沿海企业与科技，2009（10）：31-32.

[14] 丁宏辉，聂敬鹏，宝山. 有机热载体炉的危险因素分析及对策 [J]. 内蒙古民族大学学报，2010（9）：61-62.

[15] 宋杰书. 一起有机热载体炉导热油喷出事故分析 [J]. 皮革科学与工程，2010（2）：73-74.

[16] 张友健. 液相有机热载体锅炉运行中的常见问题 [J]. 中国高新技术企业，2010（21）：71-72.

[17] 王春敏. 有机热载体炉检验中容易忽视的问题分析 [J]. 科技信息，2012（12）：364.

[18] 李峰，杨道明. 有机热载体加热炉结焦问题的原因分析与控制 [J]. 广东化纤，2001（2）：52-56.

[19] 赵钦新. 有机热载体炉技术及其进展 [J]. 工业锅炉，2004（1）：24-30.

6.10 有机热载体炉积炭形成原因研究⊖

1. 概述

该文首先阐述了液相有机热载体炉的系统组成及其各部分的作用，并介绍了有机热载体介质运动粘度、密度、热氧化性和热稳定性等物理特性，然后对有机热载体积炭机理中的过热分解、氧化和化学污染物混入等三个原因进行了详细阐述和综合分析，并提出了预防措施。这对指导司炉工操作有机热载体炉及预防积炭形成等具有重要的理论和实践指导意义。

2. 论文内容（摘录）

有机热载体炉积炭形成原因研究

殷先华　彭小兰　吴丹红

有机热载体炉[1]作为一种新型热能转换设备，它是利用有机热载体作为中间传热介质。首先，将燃料（油气煤等）燃烧的热能，对有机热载体炉的金属管壁加热，然后把热能传递给有机热载体介质，使介质被加热到一定的温度（一般不得超过介质最高使用温度），最后，介质流向工艺用热设备，释放热能后的低温有机热载体再返回有机热载体炉中重新被燃料加热，如此循环，从而达

⊖ 资助项目：质检公益性行业科研专项。

到有机热载体炉向外界连续供热的目的[1]。有机热载体炉系统组成如图1所示。

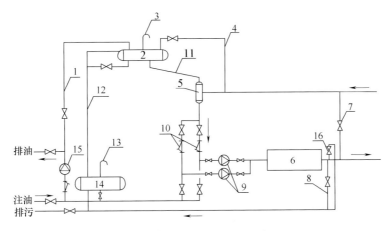

图1 有机热载体炉系统组成

1—补油管 2—膨胀管 3—大气管 4—排气管 5—油气分离器
6—有机热载体炉 7—旁路阀 8—冷油置换管 9—循环泵 10—过滤器
11—膨胀管 12—溢流管 13—大气管 14—储油槽 15—注油泵 16—安全阀

　　有机热载体炉系统的组成[2]有设备本体、循环泵、储油槽、膨胀管、油气分离器和过滤器等。系统装置的结构、性能及安装位置的正确性都会影响到有机热载体炉的安全。因此，下面简述有机热载体炉系统装置及其作用，见表1。

表1 有机热载体炉系统装置及其作用

基本组成	作用
有机热载体炉设备本体	通过有机热载体炉金属管壁传热，把燃料的热能转化为有机热载体的热能
储油槽	① 对介质因受热或冷却而出现的体积增减起缓冲作用 ② 及时补充介质，保证循环泵的不空转 ③ 可排气、排水 ④ 不得安装在有机热载体炉正上方，以免溢出而发生火灾，与其垂直距离不得小于1.5m
膨胀管	有利于气体（低沸点的轻质组分）上升汇集，液体下沉
油气分离器	分离导热油和裂解的轻质组分
过滤器	过滤杂质
注油泵	系统加油
循环油泵	系统循环

1 有机热载体介质物性

有机热载体炉介质的选择应考虑其与系统设计相关的物性参数。

1）运动粘度反映有机热载体的运动阻力。在一定温度下，有机热载体的流动性和泵送性也取决于介质的运动粘度。

2）有机热载体的密度是介质在一定温度下，单位体积的质量。有机热载体的体积膨胀是温度的函数，大致每升温10℃，体积增长1%。

对于密度和运动粘度，不宜统一制定具体标准。标准规定密度和运动粘度为"报告"项目，运动粘度则需要报告0℃、40℃、100℃时的粘度值，供用户考察该产品在不同温度条件下的流动性和传热性。有机热载体运动粘度与温度之间的关系如图2所示[5]。

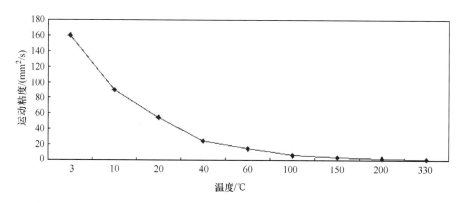

图2 矿物有机热载体运动粘度与温度之间的关系

1.1 热稳定性

有机热载体热稳定性是有机热载体在高温条件下抵抗化学分解的能力，它是由其基本的化学组成决定的。另外纯度、精制深度、馏程范围、杂质含量等多种因素影响其热稳定性。在实际运行过程中，即使在正常情况下，热分解、热聚合和热氧化等各类化学反应随时都会发生，这是一个动态的不可逆的化学变化过程，即组成劣化的变质过程。区别在于热稳定性好的产品对高温的承受能力强，导致变质率上升的一系列化学反应发生速度慢，其实用寿命也就相对比较长[3,5]。

任何一种有机热载体在温度升高到一定程度时都会分解，分解出来的分为低沸点组分和高沸点组分。从高位膨胀器放空管排出气体形式的低沸点组分，而高沸点组分则会增加介质粘度。但是如果是深度分解，就会生成新的碳颗粒而形成结焦。这个热分解速度也与温度成正比。图3[4]反映的是根据三种常见的有机热载体炉用的介质产品进行的使用温度与变质率的关系。从

图 3 可以看出：有机热载体超过一定的温度极限则相应的有机热载体热分解速度成倍的增长。

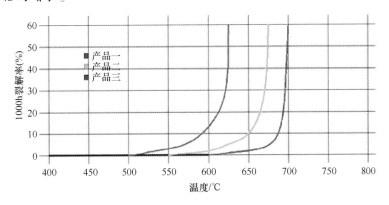

图 3　有机热载体使用温度与其变质率之间的曲线关系

1.2　氧化安定性

　　氧化安定性是指有机热载体在高温下接触空气等外来污染物而老化的程度。有机热载体发生氧化后生成氧化降解产物和高分子缩聚产物，导致其粘度、酸值和残炭增大，并加剧劣化的进程。通常采用膨胀罐以惰性气体（氮气）封闭的方式避免有机热载体的氧化。评定有机热载体的抗氧化性能，虽然有标准方法 GB/T 23800—2009，但是其发展的方向是模拟传热系统的实际使用状态，设置实验条件，考查有机物载体的抗氧化性能。

2　有机热载体积炭形成综合原因及预防措施

2.1　有机热载体积炭形成综合原因

　　与蒸汽（水）作为传热介质的情况不同，有机热载体在使用过程中受到过热超温、氧化变质和化学污染等因素的作用时，会发生品质变化，并且在绝大多数情况下，有机热载体的品质变化是不可逆变化。这些变化轻微影响是降低有机热载体的使用寿命，严重时会造成有机热载体炉火灾事故。所以在有机热载体的使用过程中，必须重视对有机热载体品质实际状况及其变化情况的检测，同时应该对有机热载体品质产生影响的因素和存在的问题及时采取适当措施予以解决[5]。过热超温，氧化及化学污染给有机热载体带来的品质变化基本上都是不可恢复的，由此造成的有机热载体组分发生的是不可逆的化学反应，如图 4 所示。

　　综上所述，有机热载体介质的过热超温、氧化和化学污染虽然是不可避免的，但又是可以预防的。预防的关键在于科学的设计系统和锅炉，合理的选择有机热载体类型和工艺操作参数，正确地进行设备和系统操作运行，定期的检

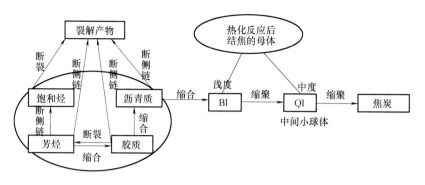

图 4　有机热载体不可逆化学反应示意图

测有机热载体品质变化和及时的解决系统中存在的缺陷问题[5]。

有机热载体形成积炭的原因多种多样，重点阐述五种主要原因：

1）选用的有机热载体品质不合格或与锅炉系统传热方式不符导致导热油在较短时间内严重劣化产生大量积炭。有些用户在采购新有机热载体后没有按照 GB 23971—2009《有机热载体传热条件》要求与型式试验报告对比进行验证检验，无法确定新油的质量，有些新油是处理后的回收油或掺杂了劣质油，这种质量差的有机热载体运行后劣化快，会在传热系统产生大量积炭；用户所采购的有机热载体与锅炉系统传热方式不一致，很多用户采购了仅适用于闭式系统的有机热载体（L-QC、QD 类）用于开式系统，由于 L-QC、QD 类有机热载体抗氧化安定性差，在高温下的开式系统中运行，很容易被氧化。

2）在有机热载体炉系统中运行的有机热载体由于高温的影响很容易产生胶质，品质好耐高温的有机热载体介质中的胶质会浮于油表面，在系统运行循环中，可用过滤器将胶质过滤掉。但是如果有些胶质附着在有机热载体炉的金属管壁内就容易形成积炭。

3）当有机热载体介质在系统循环运行中，如果有空气进入，由于空气中含有氧气，容易发生氧化和聚合等化学反应，从而生成高低沸物。一般来说，低沸物由于密度低而且是气态，容易通过高位槽排到空气中，而高沸物会悬浮在介质中。但是如果高沸物黏附在金属管壁上，这也是形成积炭的一方面原因。

4）司炉工的操作也会引发积炭的形成。因为当司炉工操作不当使操作温度高于介质设计温度就会引起介质的自催化热分解化学反应，从而形成积炭。

5）在有机热载体对工艺原料加热时，有时工艺物料的泄漏进入系统内也会形成腐蚀产物，包括对有机热载体炉系统大修时杂质的带入和污染也是形成积炭的原因。

2.2　有机热载体积炭预防措施

预防有机热载体锅炉发生积炭事故的对策措施有如下四点：

1）避免导热油变质，要使有机热载体安全使用，达到应有的使用寿命，关键是要防止氧化和避免超温。防止氧化的有效措施：一是在选择导热油时应注意仅适用于闭式系统的导热油不能用于开式系统；二是在高温槽设置氮封装置，通过惰性的氮气使油与空气隔离。系统较小的，至少要采用冷油封。

2）严格按照 GB 24747—2009《有机热载体安全技术条件》要求，对有机热载体的各项指标（运动粘度、闭口闪点、残炭、酸值、水分、5% 低沸物馏出温度）进行定期检测，各项质量指标应在允许使用范围内方可正常使用，质量指标达到安全警告的有机热载体应按照要求进行处理或缩短检验周期，达到停止使用条件的有机热载体应按标准要求进行处理或更换。充分保证导热油的质量。

3）定期补充合格的新油，补充的新油应与系统中的新油具有相同的化学和物理性质，性质不相同的有机热载体不可随意混合使用。控制导热油的流速、温度（稳定状态防变厚），传热系统最高工作温度的控制，除了正常运行时不能超温外，还应注意停炉时必须继续进行系统循环，直至冷却后才能停泵。冷炉起动时也应缓慢升温。运行时应注意高位槽的油温不宜超过 70℃。

4）在适当情况下，当系统中的积炭结焦或残油黏附严重，应采用适当的清洗方式将系统中存在的污染物和炉管内的结焦物清除，以保持系统的清洁，同时避免新加入的有机热载体被污染。

3　小结

1）介绍了有机热载体过热超温、氧化变质和化学污染三种常见变质的现象、原因、结果和危害，并介绍了积炭形成的综合原因。

2）有机热载体炉和有机热载体介质的选择必须匹配，有机热载体炉运行须进行冷油循环并严格按升温曲线进行煮油。

3）针对有机热载体介质的积炭原因提出了相应的对策措施，对指导有机热载体炉预防积炭具有一定的指导意义

参考文献

[1] 常州能源设备总厂有限公司，等. GB/T 17410—2008 有机热载体炉［S］. 北京：中国标准出版社，2008.

[2] 赵欣刚，齐鹿扬. 有机热载体炉［M］. 北京：中国计量出版社，2008.

[3] 宋杰书. 一起有机热载体炉导热油喷出事故分析［J］. 皮革科学与工程，2010（2）：73-74.

[4] 中国特种设备检测研究院. TSG G0001—2012 TSG 特种设备安全技术规范 锅炉安全技术监察规程［S］. 北京：中国标准出版社，2013.

[5] 邓广新. 有机热载体锅炉受热面管过热变形分析［J］. 沿海企业与科技，2009（10）：

31-32.

[6] 车德福，庄正宁，李军，等. 锅炉 [M]. 西安：西安交通大学出版社，2008.

[7] 卜一平. 使用过程中合成导热油的品质变化状况测定和评价研究 [D]. 苏州：苏州大学，2005.

[8] 鲍求培. 导热油应用手册 [M]. 上海：华东理工大学出版社，2008.

[9] 林欧. 基质沥青快速升温设备的研究 [D]. 长安：长安大学，2011.

[10] 沈燕. 浅析控制导热油品质对导热油锅炉安全运行的重要性 [J]. 化学工程与装备，2009 (9)：114-117.

[11] 王骄凌，司荣. 有机热载体技术进展综述 [C] //中国锅炉水处理协会. 第三次全国锅炉水（介）质处理学术交流会论文汇编，2013：1-26.

[12] 薛寒. 简析工业有机热载体炉常见故障与防范措施 [J]. 中国科技信息，2011 (11)：140-141.

[13] 马霞. 控制有机热载体品质对有机热载体锅炉安全运行的重要性探讨 [J]. 科技致富向导，2013 (3)：160-161.

[14] 彭小兰，吴超，殷先华. 有机热载体炉事故与积炭检测技术发展 [J]. 工业锅炉，2013 (4)：6-10.

[15] 彭小兰. 有机热载体炉积炭检测技术及安全评价研究 [D]. 长沙：中南大学，2014.

[16] 吴涓. 有机热载体锅炉系统故障分析及改进措施 [J]. 工业锅炉，2002，74 (4)：45-46.

[17] 胡洪，余笑枫. 有机热载体炉辐射管泄漏原因分析及预防措施 [J]. 工业锅炉，2005 (4)：54-57.

[18] 史文彬. 有机热载体炉安装使用应注意的问题 [J]. 工业锅炉，2005 (6)：53-56.

[19] 张煜民. 有机热载体炉膨胀槽超温现象的分析 [J]. 工业锅炉，2005 (3)：46-47.

[20] 张海田. 一起有机热载体炉爆管事故的原因分析 [J]. 工业锅炉，2007 (3)：56-58.

[21] 常静，李建业，张葵东. 一起有机热载体炉爆管事故浅析 [J]. 工业锅炉，2007 (1)：60-61.

后　记

　　本专著为质检公益行业项目（201510067-03）成果，并附有 10 篇

相关论文，均为彭小兰的学术成果。全书为彭小兰著，其中第 4 章部

分来源于吴丹红、殷先华、彭小兰编制的湖南省地方标准《有机热载

体介质运动粘度快速测定法》中的内容。其运动粘度检测方法和装置

为湖南慑力电子科技有限公司和湖南省特种设备检验检测研究院合作

开发研究的方法和装置，特此致谢和说明。

　　目前，关于有机热载体介质方面的研究甚少，因时间仓促，本专

著中如有不妥，欢迎专家共同探讨和指导！

彭小兰

2016 年 8 月

Email：pengxiaolan13141@163.com